酱汁画氛围盘饰：

入门技法与题材大全

李向阳 主编
张路超 陆军 参编

海峡出版发行集团
THE STRAITS PUBLISHING & DISTRIBUTING GROUP
福建科学技术出版社

前言

2012年，我把自己创作的一种盘饰画称为“果酱画”，并通过互联网向各地的同行传播绘制技艺。此后，我看到“果酱画”这个名称在全国逐渐风行。2015年，我出版了自己的第一本图书《写意果酱画盘饰》，让更多的厨师朋友可以得益于果酱画盘饰的技巧。

但实际上，可用来绘画的不仅仅是果酱，其他如菜品收汁的汤汁、萃取的各类水果蔬菜的汁水，经过加工后都能成为点缀美食的颜料。因此，在这本书中，我们使用“酱汁画”这个名称。这本书汇聚的，也是我们更深更广的探索。

我在这本书中，借鉴中国画的意境，在作品中呈现了多种酱汁的技法效果，此外还创作了大量极简作品，让写实功力不强的朋友也容易参考操作。我还请了两位好友参与创作了部分手抹类和渲染类作品，更多层次地展现了酱汁画的魅力。

酱汁画的创作空间很大，本书只是抛砖引玉，期待看到同行朋友们有更多更好的酱汁画创意呈现。

李向阳

2018年10月

目录
CONTENTS

第一章

入门技术 视频

第二章

极简创意

第三章

视频讲解 视频

第四章

常用专题

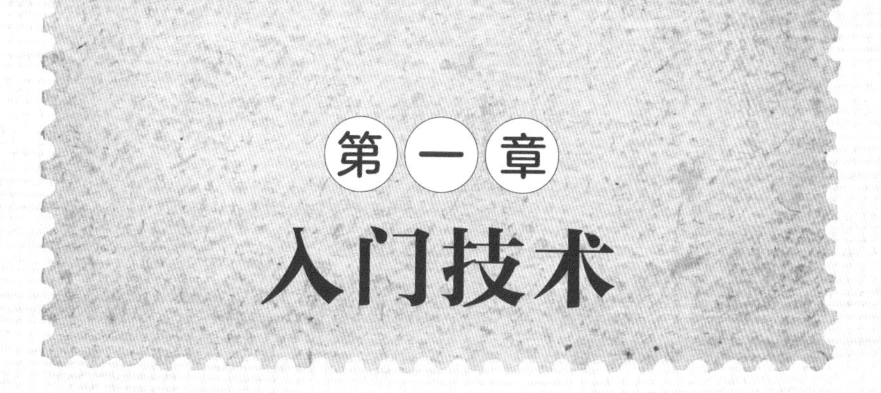

第一章 入门技术

一、制备酱汁画的颜料

酱汁画的颜料都是从厨房中就地取材的。它应该有合适的黏稠度：不能太稀，这样才会粘附在盘面上，不随意流淌和扩散；也不能太浓，这样才有流动性，适合作画。

下面介绍几种适合用来做酱汁画颜料的食材。

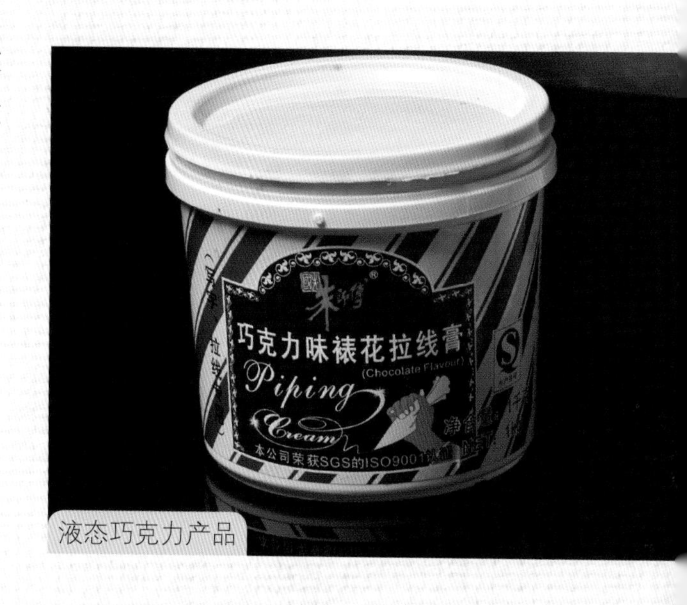

液态巧克力产品

1. 巧克力酱

巧克力酱即液态巧克力，是深褐色的颜料。

市场上可以买到液态巧克力，产品名字常叫做“巧克力味裱花拉线膏”。但市售产品不适合直接用来作画，因为其流动性不强，不便涂抹；液体外观也不够光亮。可以使用下面的方法进行调配，改善这两个问题。

配方：巧克力拉线膏 50ml，蜂蜜 5ml，纯净水 5ml。

做法：将配方材料倒入盆中，用勺子持续搅拌 1 分半钟，至混合物舀起倒下时显得连绵、有光泽。

巧克力酱调制视频
播放说明及有效保证期见第 34 页

注意：

（1）在配方中可以加入食用黑色素，这样制成的巧克力酱就不再是褐色，而是黑色，后文中称之为黑巧克力酱。

（2）选择巧克力拉线膏时尽量不用杂牌或者假牌子，否则会导致口味不正常；蜂蜜应注意存放情况，不要使用变质的或已发酵的蜂蜜。

2. 黑醋

黑醋是接近黑色的颜料。使用前将其加热，蒸发掉占原体积 3/4 的水分，可获得合适的黏稠度。

3. 食用色素

食用色素属于添加剂，与其他材料混合形成各色颜料。食用色素在很多酒店里都能找到，一般是水油两用（与水性和油性材料都相容）的，颜色齐全。

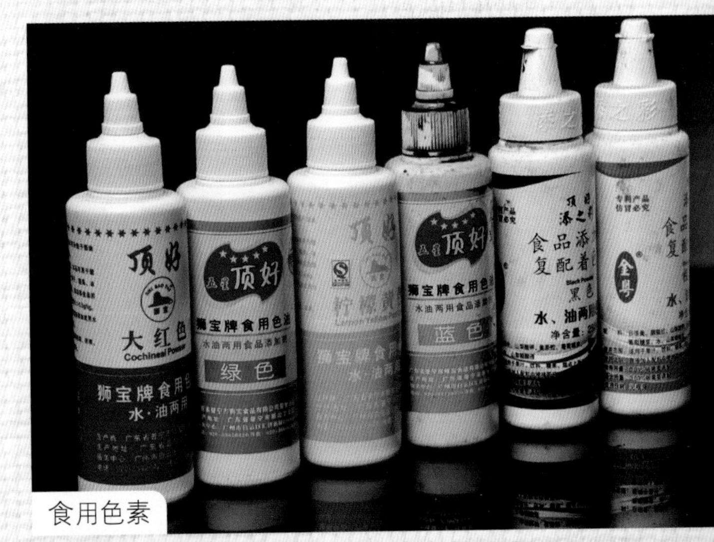

食用色素

4. 透明果膏

透明果膏勾兑色素后即可使用，也可以加水来稀释。配方推荐如下：

①透明果膏 50ml；

②纯净水 10 ~ 15ml（相当于 1 ~ 2 个纯净水瓶盖的体积）；

③色素以滴计，量依颜色深浅定（可在画前调出不同深浅色备用，例如，从浅到深，分别用 1 滴、3 滴、9 滴、27 滴）。

值得说明的是，透明果膏添加黑色素后可以制成水墨色酱汁，与黑巧克力酱相比，更淡更稀。

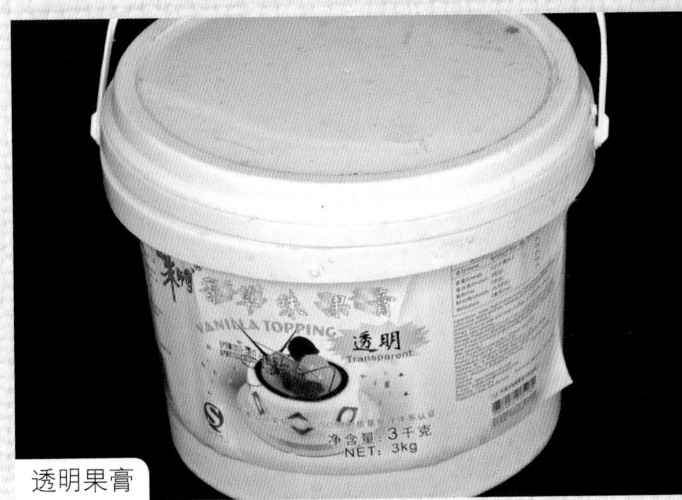

透明果膏

5. 其他材料

很多食材在满足了开章所讲的两个要求后都可以用作颜料。比如，将沙拉酱、蜂蜜添加色素后可以作画，将蚝油、老抽熬浓稠后也可以作画。

二、用手边的工具当酱汁画笔

酱汁画的画笔也是取材随意，比如葱头、手指均可。下面介绍几种绘画性能较强的工具。（其他还有酱汁勺、飞轮等工具，后面在用到的作品中会介绍。）

1. 裱花瓶

裱花瓶也称为挤酱壶，可装配不同粗细的裱花嘴（常见有 7 种）。

裱花瓶使用极为普遍。本书其他地方如未对绘画工具做特别说明，都是采用裱花瓶。

裱花瓶常见的画法有以下几种。

（1）直线

练就一手好直线需要静心练习。

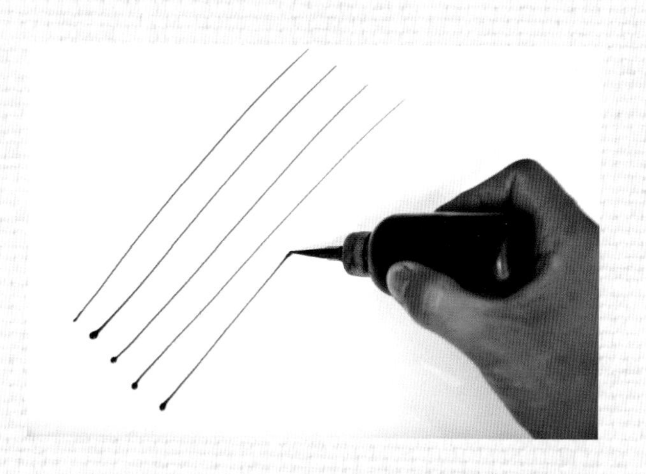

（2）虚线

让裱花瓶平躺在盘子里，轻轻捏瓶身画出的就是虚线。

（3）粗线

将裱花瓶的裱花嘴去掉，即可画出粗线。

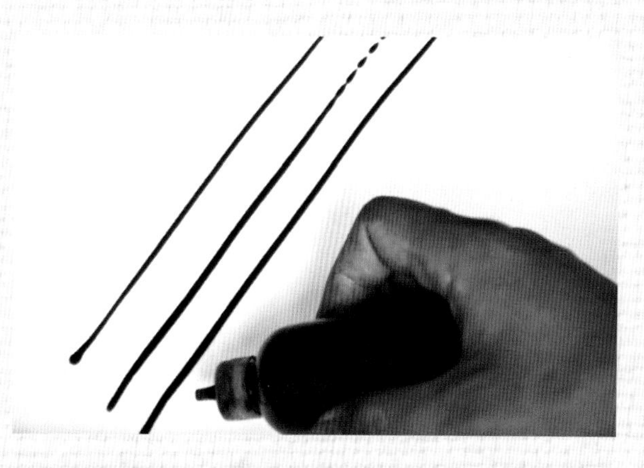

（4）弧线

酷似打勾，适用于鸟类翅膀等大型轮廓线条的勾画。

（5）直线网格

可以用来表示小鱼身上的鱼鳞，也可以用作衬托。

（6）曲线网格

常用来表示孔雀翎、金鱼鳞、龙鳞……

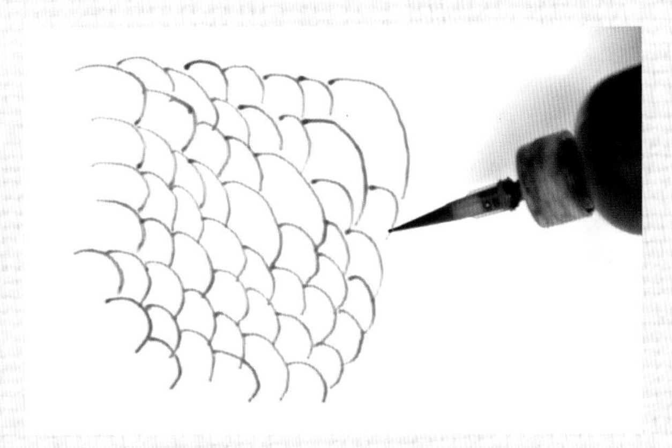

（7）动物眼睛

先在盘上挤出一个黑色巧克力点；然后把灌有黄色果酱的裱花瓶瓶嘴插到中间，轻轻挤出果酱，形成眼白；最后在中间点上黑点。

（8）填色

先画出轮廓，然后用裱花瓶从边缘开始来回涂抹，实现填色。

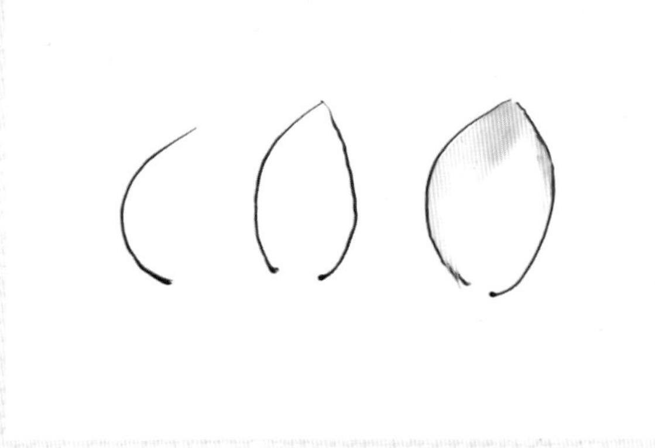

裱花瓶操作视频
（填色，画眼睛、花朵）

播放说明及有效保证期见第 34 页

2. 裱花袋

裱花袋具有类似毛笔的效果，这是目前很多工具不能代替的。

其掌握难度稍大一些。新手容易出现的问题是手发力不稳而发抖，这通过多多练习可以克服。练习应该从简单的线条和圆圈开始，不要一开始就临摹作画。

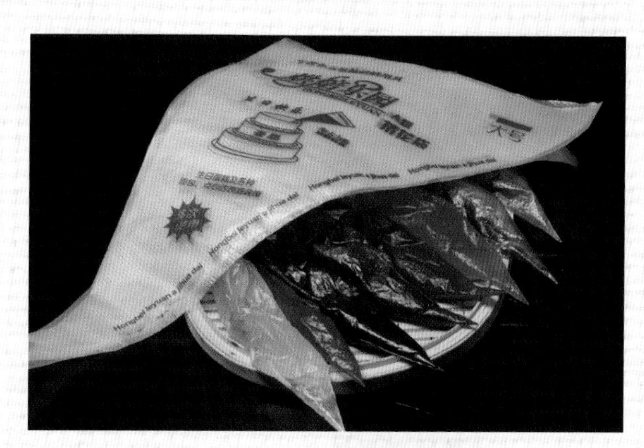

裱花袋操作视频

播放说明及有效保证期见第 34 页

3. 勾线笔

可用来画竹叶等；也适合用于后期修改，如对画得不均匀的地方进行涂匀。

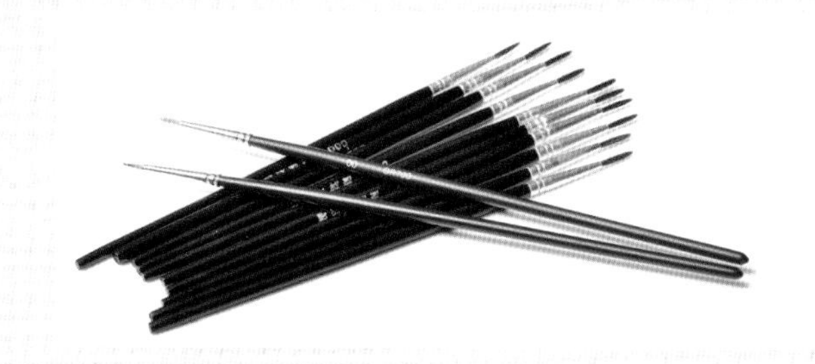

（1）竹叶

先用裱花瓶在盘上点上颜料，然后用勾线笔拉开即成竹叶状。也可以直接用沾满果酱的勾线笔一撇画出竹叶。

（2）掏空

先用手指等在餐具上涂抹出色块，然后用勾线笔进行掏空。

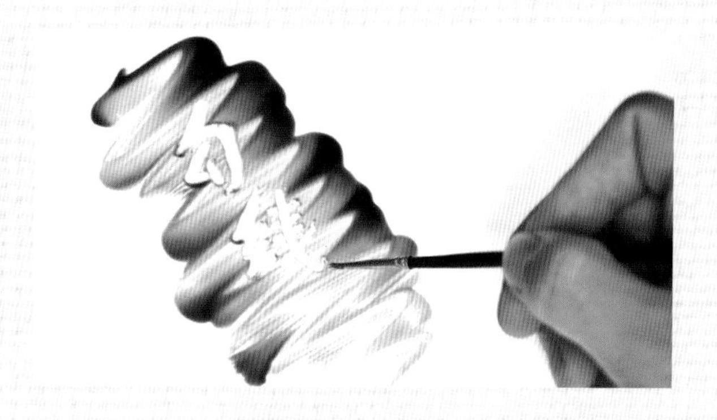

勾线笔操作视频

播放说明及有效保证期见第 34 页

4. 弧形卡片

将硬质卡片用剪刀剪出弧形边缘，可以为涂抹和画线提供多种效果。常用画法有下面几种。

（1）直线刮开

先用裱花瓶挤出一条直线，然后用弧形卡片将其刮开。可以从头到尾一笔刮开；也可以断续刮开，形成竹节效果。

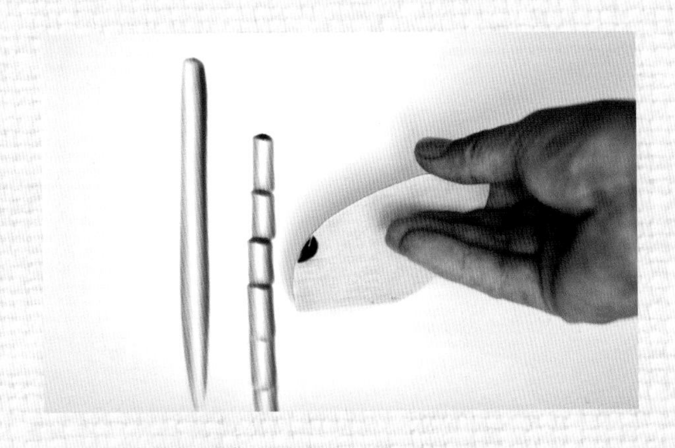

（2）来回涂抹

先在盘面挤出特定的线条，然后用弧形卡片来回涂抹。适合用来画树干、阴影等。

弧形卡片操作视频

播放说明及有效保证期见第 34 页

5. 牙签

牙签直接可以用来描图。

也可以先用裱花瓶按轮廓线挤出颜料，然后用牙签拉开，富有素描效果。

可以在画好的色带中做镂空效果。

6. 餐巾纸

餐巾纸经过折叠有类似勾线笔、弧形卡片的功能。使用时，先画出几条直线，然后用餐巾纸顺一个方向抹。

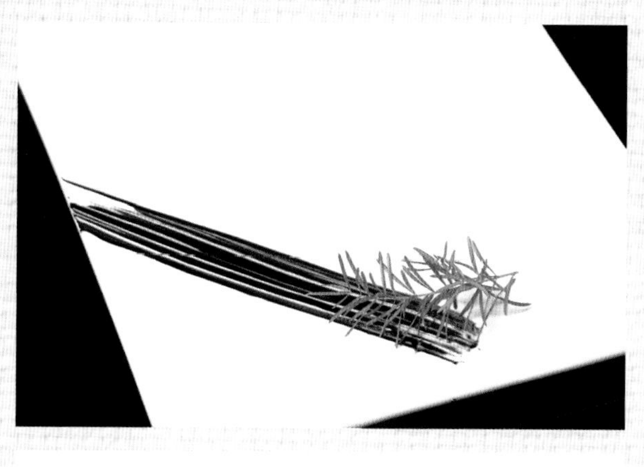

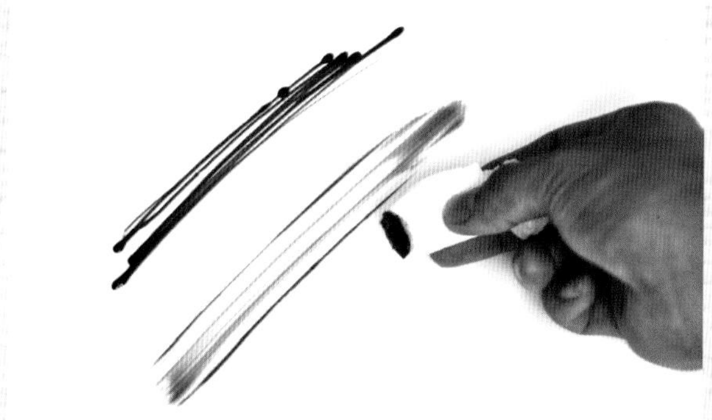

7. 手指

干净的手本身就可以作画。

（1）手指刮擦

先在盘面画出几条直线，然后用食指根据所需线条宽度平放到盘面上，顺一个方向抹开。

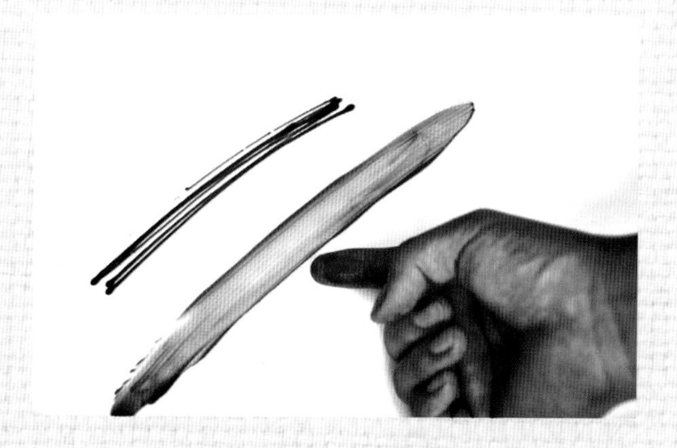

（2）掌心刮擦

先在盘面挤出较多的酱汁，然后用掌心抹开，可以形成写意风格的色块。

（3）指肚点瓣

先用果酱挤出圆点，然后用指肚轻点后向下拉开，即形成一个花瓣。还可以再作修饰，特别适合画荷花。

第二章 极简创意

本章作品中，未特别说明绘画工具的，都是使用裱花瓶（视情况装上尖嘴，或不装尖嘴）；未特别说明颜料的，都可以使用果酱。

绿色萤火

在凹凸不平的盘子上，先用不带嘴的裱花瓶点出两个大点，再使用V型刮板对称刮开。

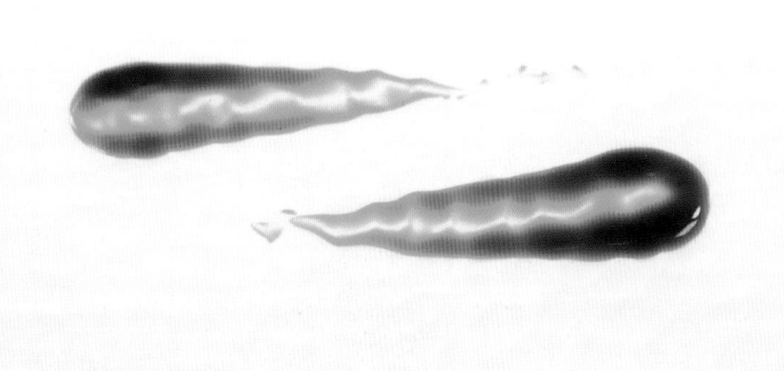

蓝色星点

每颗星点由8个点组成，分别用裱花瓶挤出4个大的点和4个小的点。

星星点点

将红色果酱装在裱花嘴里，再装到空的裱花瓶上，瞬间挤压瓶身，造成酱汁斑点的喷射效果；再用不带嘴的果酱瓶抛甩几个大一点的斑点。

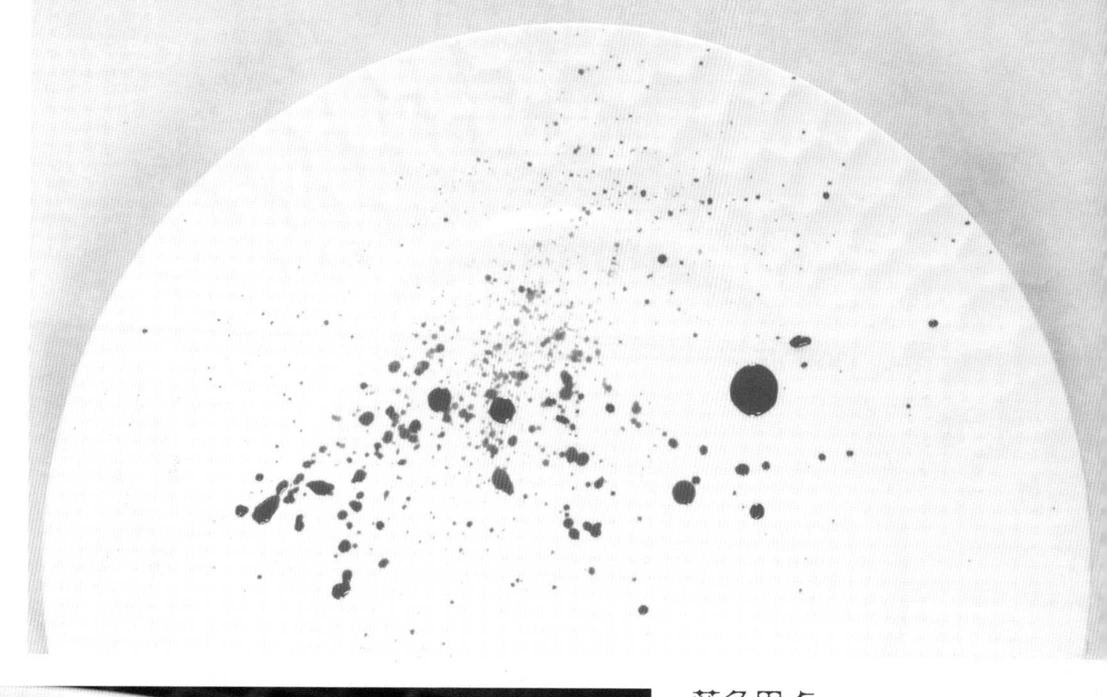

蓝色甩点

在盘子一侧依次点出大小不一的斑点。

红色抛点

用番茄沙司自然喷洒，形成大块痕迹。

太极螺旋

先制造两个大点（方法任意），再用刷子往对称方向涂抹。

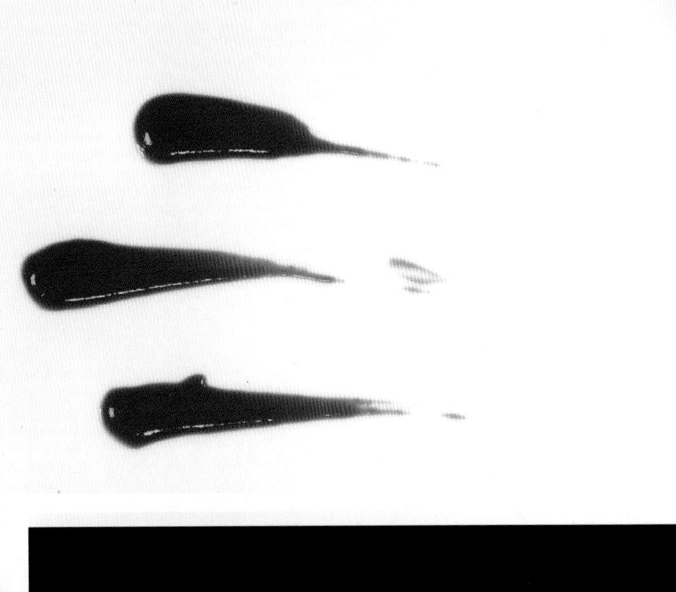

轨迹留痕

先制造两个大点（方法任意），再用勺子底部拖开。

萤火流动

将酱汁调稀，使用酱汁勺，先倒出一个点，再减小流量拖出小尾巴。酱汁勺有不同的型号可供选择。

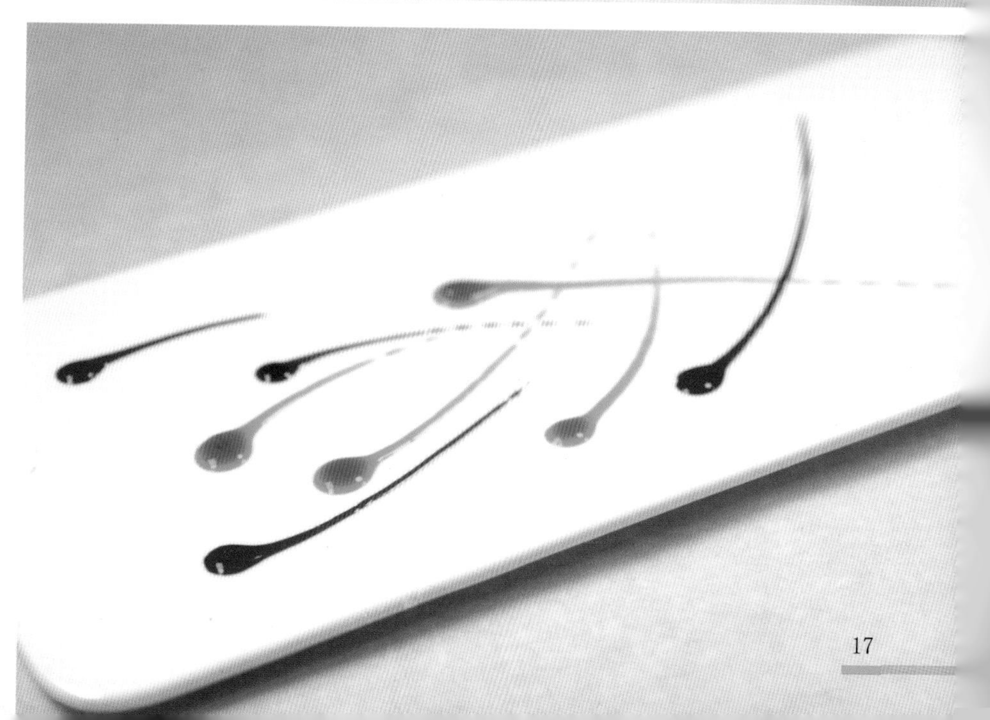

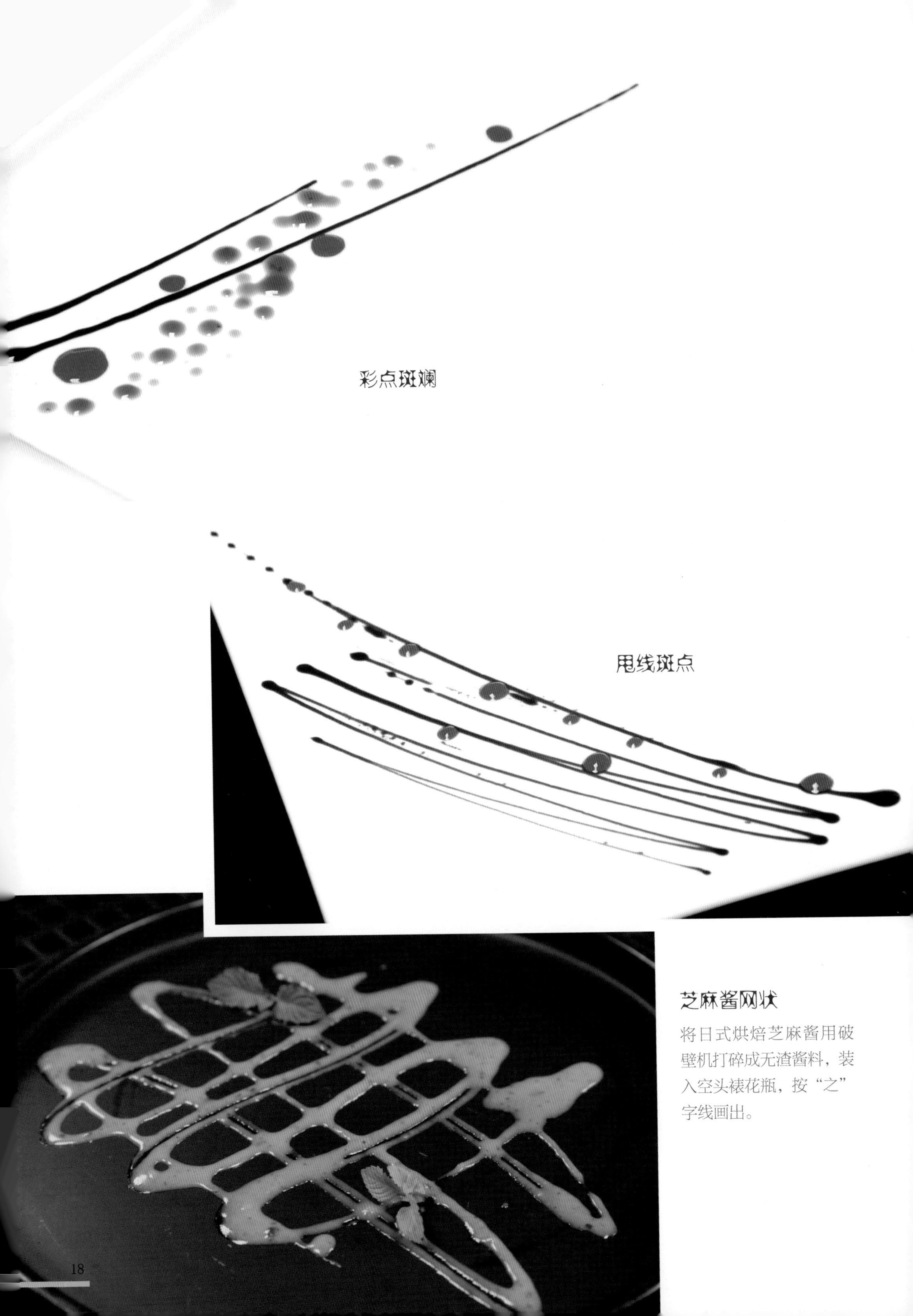

彩点斑斓

甩线斑点

芝麻酱网状

将日式烘焙芝麻酱用破壁机打碎成无渣酱料，装入空头裱花瓶，按“之”字线画出。

小圈口印痕

可以使用厨房常见的不锈钢圈为模具。

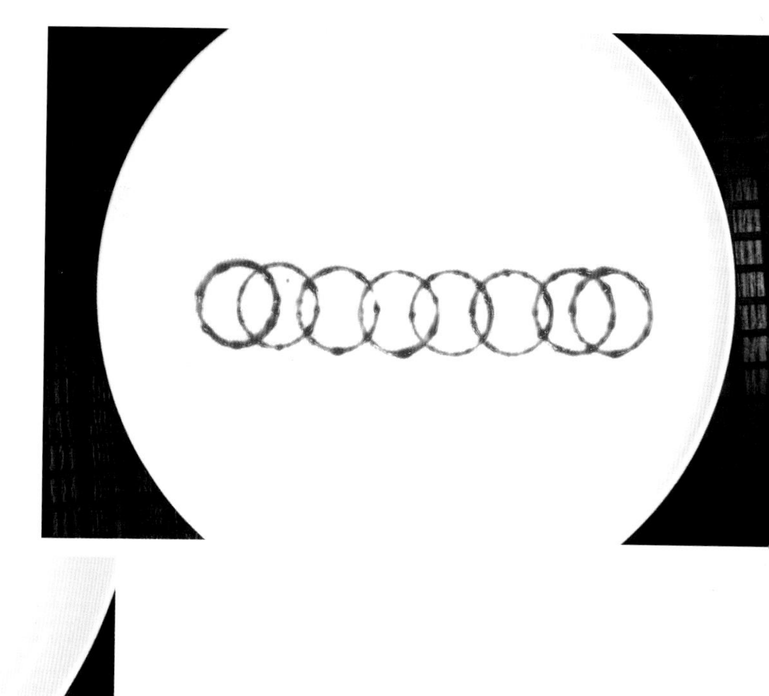

大圆口印痕

使用任意大圆口器具，
刷酱汁，盖印在盘上，
再点缀。

手抹软线圈

用巧克力酱在盘中挤出一个大点，将盘子放在转盘中间，用一只手的食指平稳按压在酱汁上，通过转动转盘形成圆圈。

环中环配小蘑菇

将盘子放在转盘上，用不带嘴裱花瓶通过转动转盘画出一个圆圈，再用手指放在线条中间抹开。

平时将白玉菇和蟹味菇剪掉蒂头，用开水氽烫后用淡盐水浸泡存储，使用时捞出进行装饰。

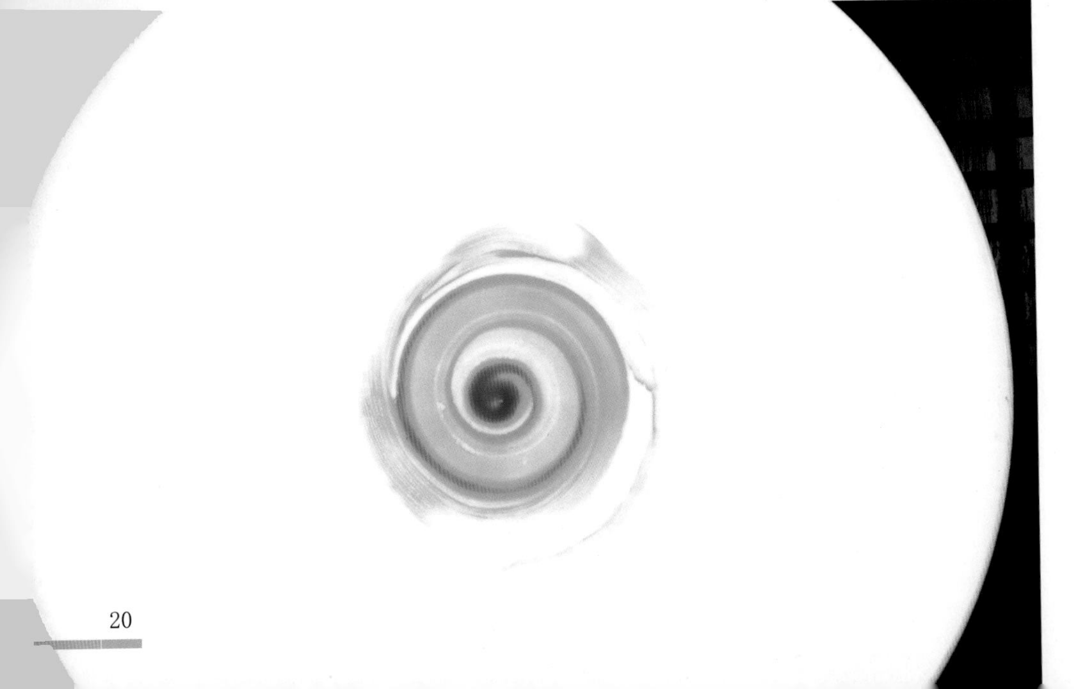

手抹小旋风

挤出一点果酱在盘上，盘子放在转盘上。放手指于果酱上，边转动转盘，边向外移动手指。

绿色旋风

使用近来流行的减压小玩具指尖陀螺，将其放在盘面上转动，同时将果酱挤下淋在其边缘，果酱就被其抛洒开形成效果。最后在圆圈内部画出对称的两个点。

混色打底圈

盘中挤上蓝色果酱，盘子放在转盘上旋转，用食指按压果酱抹开；再在蓝色果酱外围用黄色加绿色果酱画出线条，用食指按压，均匀抹开。

将白玉菇和蟹味菇剪掉蒂头，用开水汆烫后，可用淡盐水浸泡存储，用时捞出点缀盘面。

红色飚风

与上一例一样，使用指尖陀螺来形成抛洒效果；最后用湿巾将圆圈内部修饰平整。

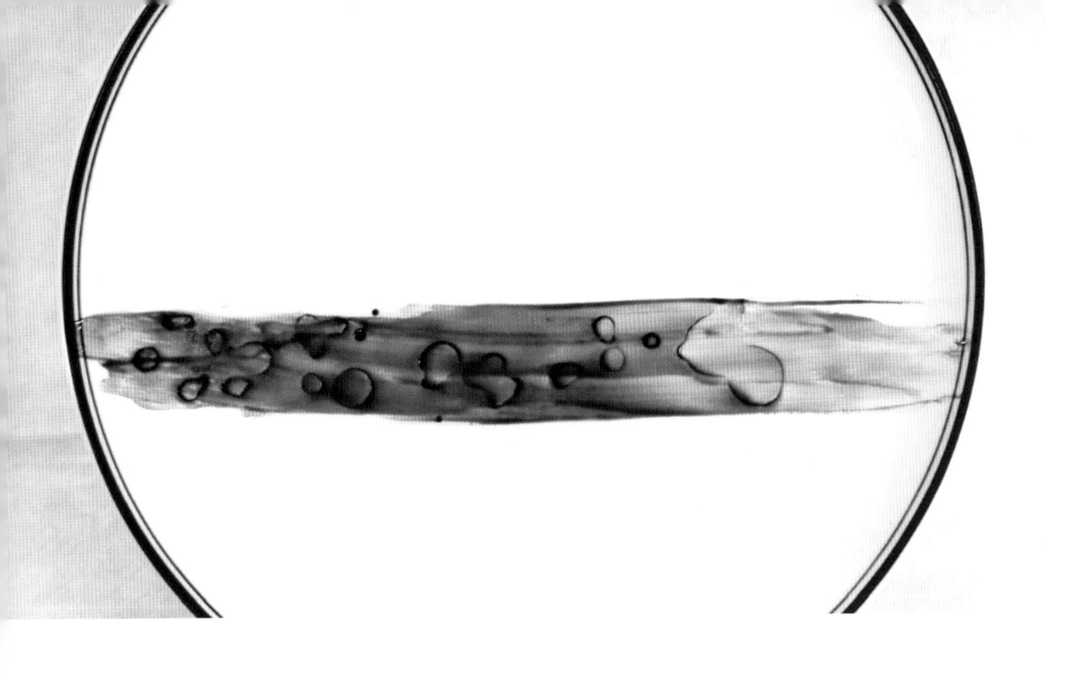

透水墨点特效

使用水墨色果酱，大致沿着盘中的任意一条线，随意地挤出几个大点。

自然存放两小时以上，或者用风扇吹 20 分钟以上，再用手指平抹开酱汁。

混色手掌印

颜色可以任意调配，先用果酱在盘上画出一个手掌大概的样子，而后用手掌按压。

混色涂抹

用两色果酱在盘上分离的位置随意涂画，而后用自制 V 形卡片刮擦开。

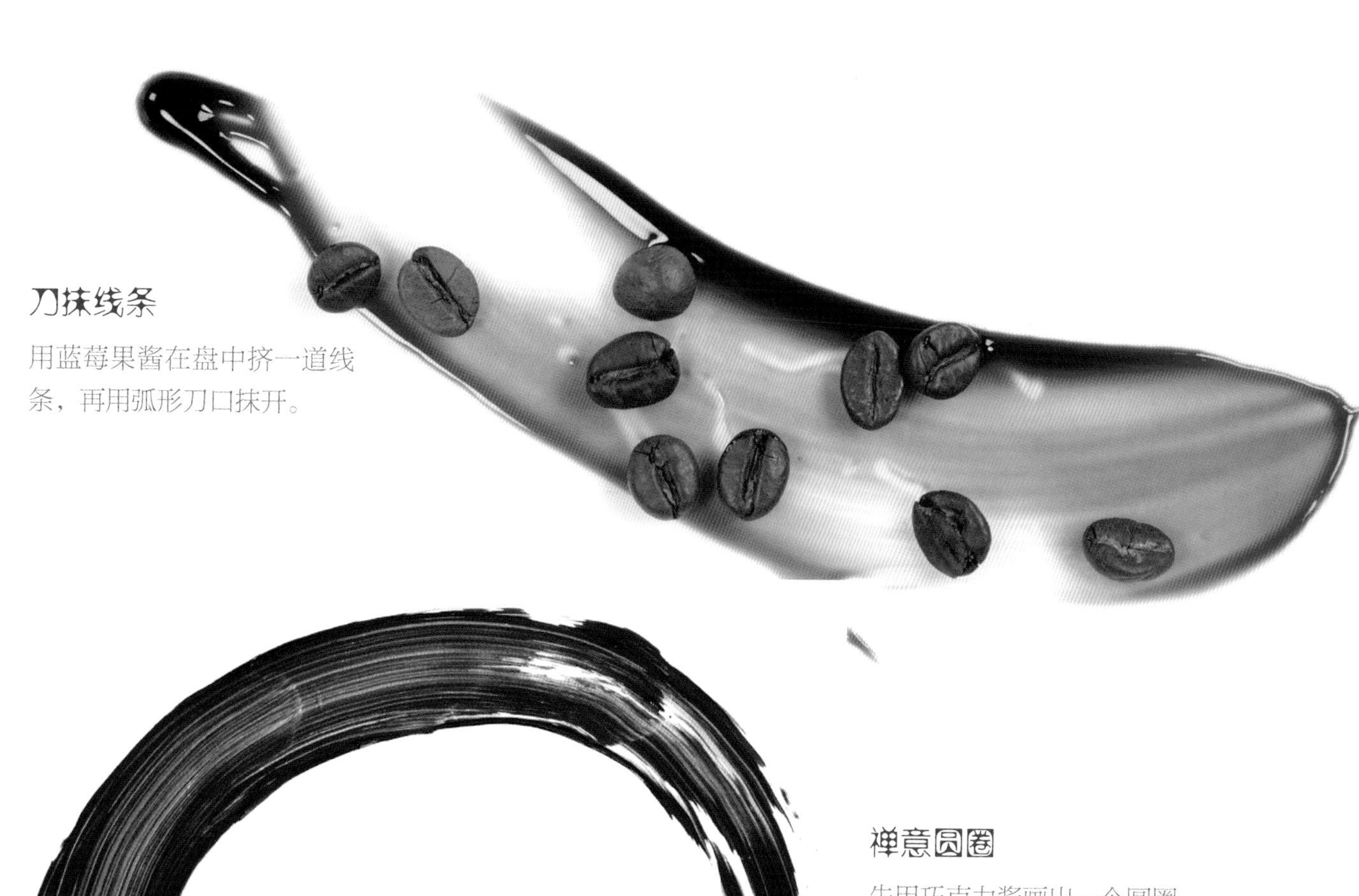

刀抹线条

用蓝莓果酱在盘中挤一道线条，再用弧形刀口抹开。

禅意圆圈

先用巧克力酱画出一个圆圈，然后将餐巾纸折叠成一定宽度，将线条刮开，注意不要太均匀，尽量呈现出一个笔画的自然的状态。可以借助转盘转圈。

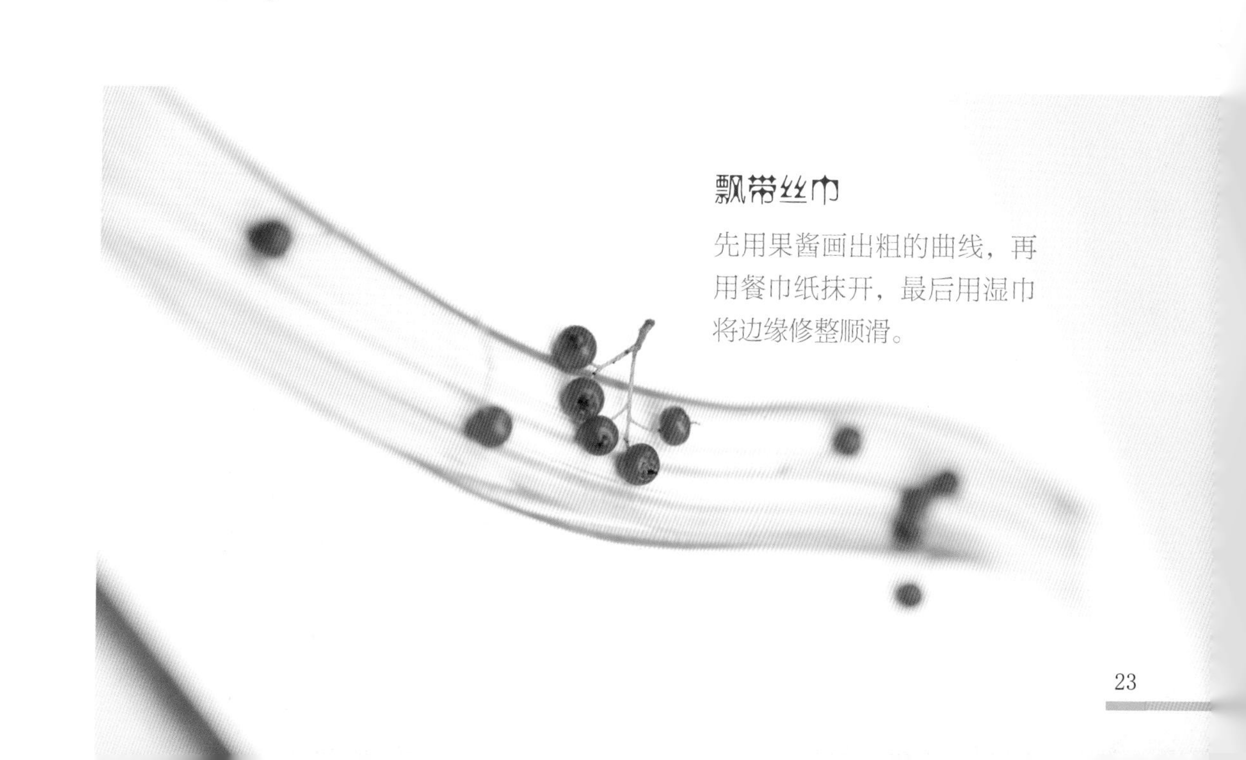

飘带丝巾

先用果酱画出粗的曲线，再用餐巾纸抹开，最后用湿巾将边缘修整顺滑。

勺抹酱汁

制作大线条时，将巧克力果酱混合少量红色果酱挤在盘上，用小勺来回涂，出现镂空即可。

小的红色、绿色等线条，是用果酱瓶再画出来的。

平分秋色

将果酱调稀，沿盘子内圆边对称地画两小段，而后将餐巾纸折成一定宽度，迅速抹擦开，形成不均匀效果。

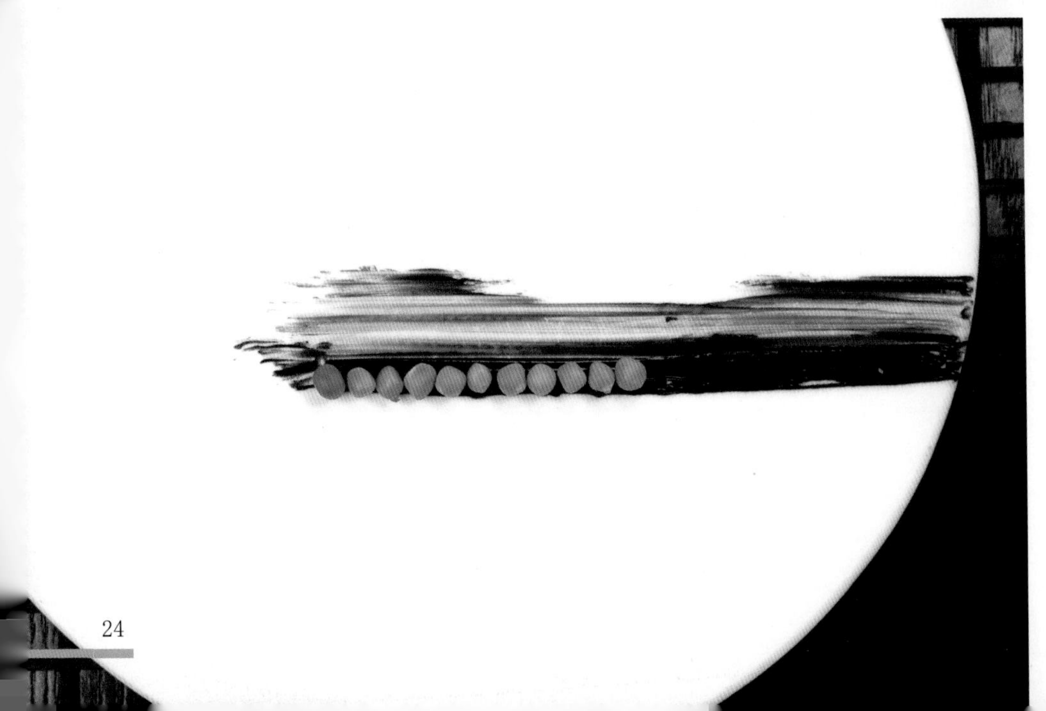

平抹巧克力酱

用巧克力酱画出长条，而后使用餐巾纸随意涂抹开，再点缀。

彩色波浪

盘子放在转盘中间，转动转盘，同时用裱花瓶在盘面外围来回晃动挤出波浪线。

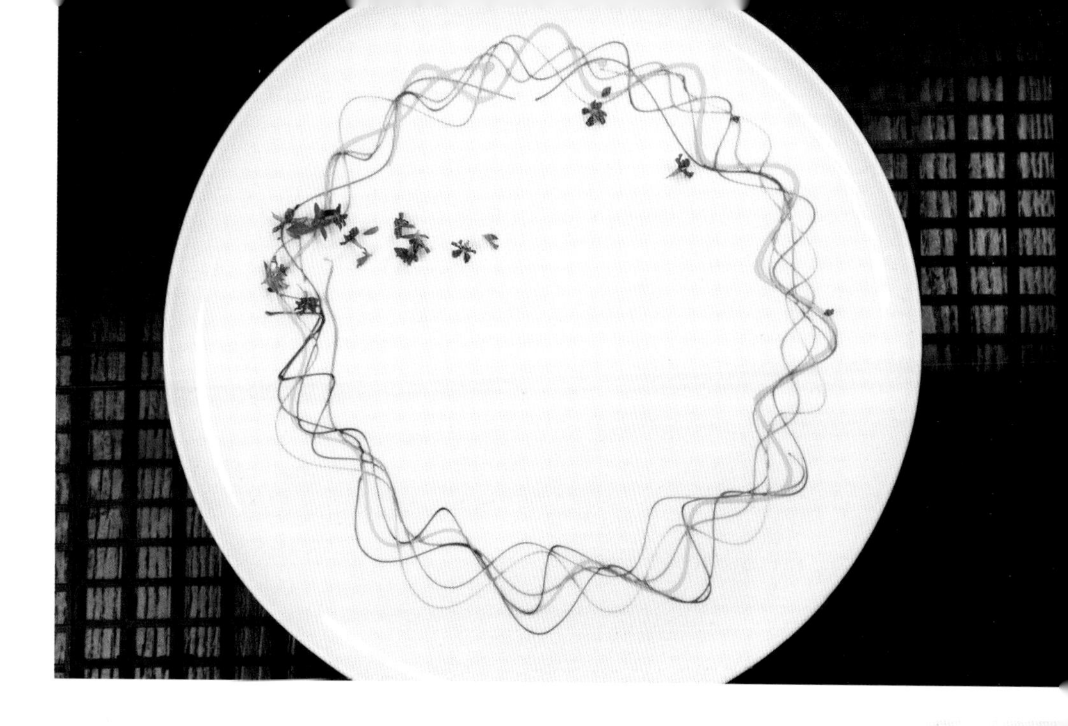

平面印

将果酱滴在盘中，用圆形平底器具按压，再平稳拔起即可。

点的渐变

用绿色果酱点出大小有序的点，再用食指将点轻按拉开。

最后用黄色果酱画出底部弧线。

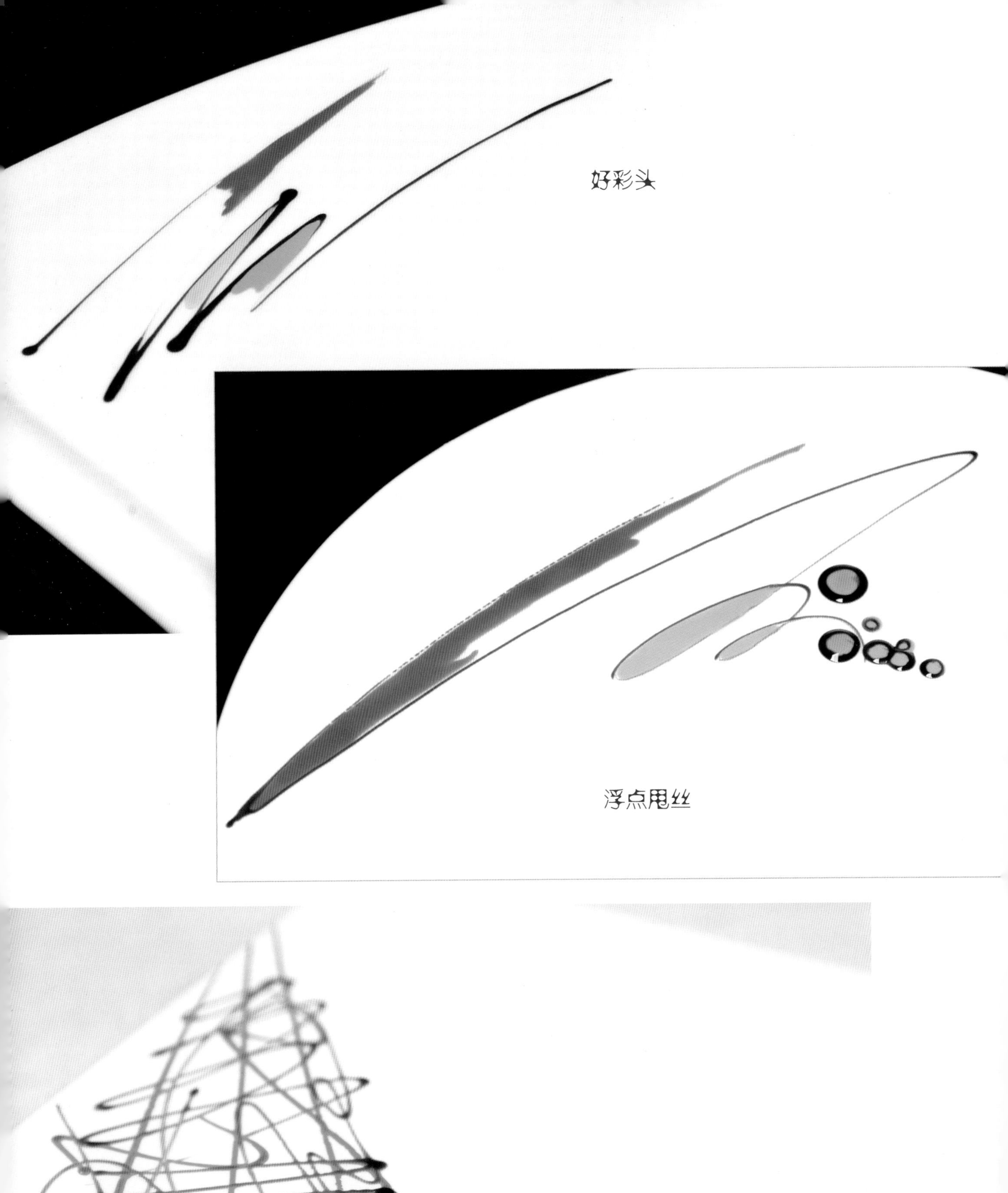

好彩头

浮点甩丝

错乱的思绪

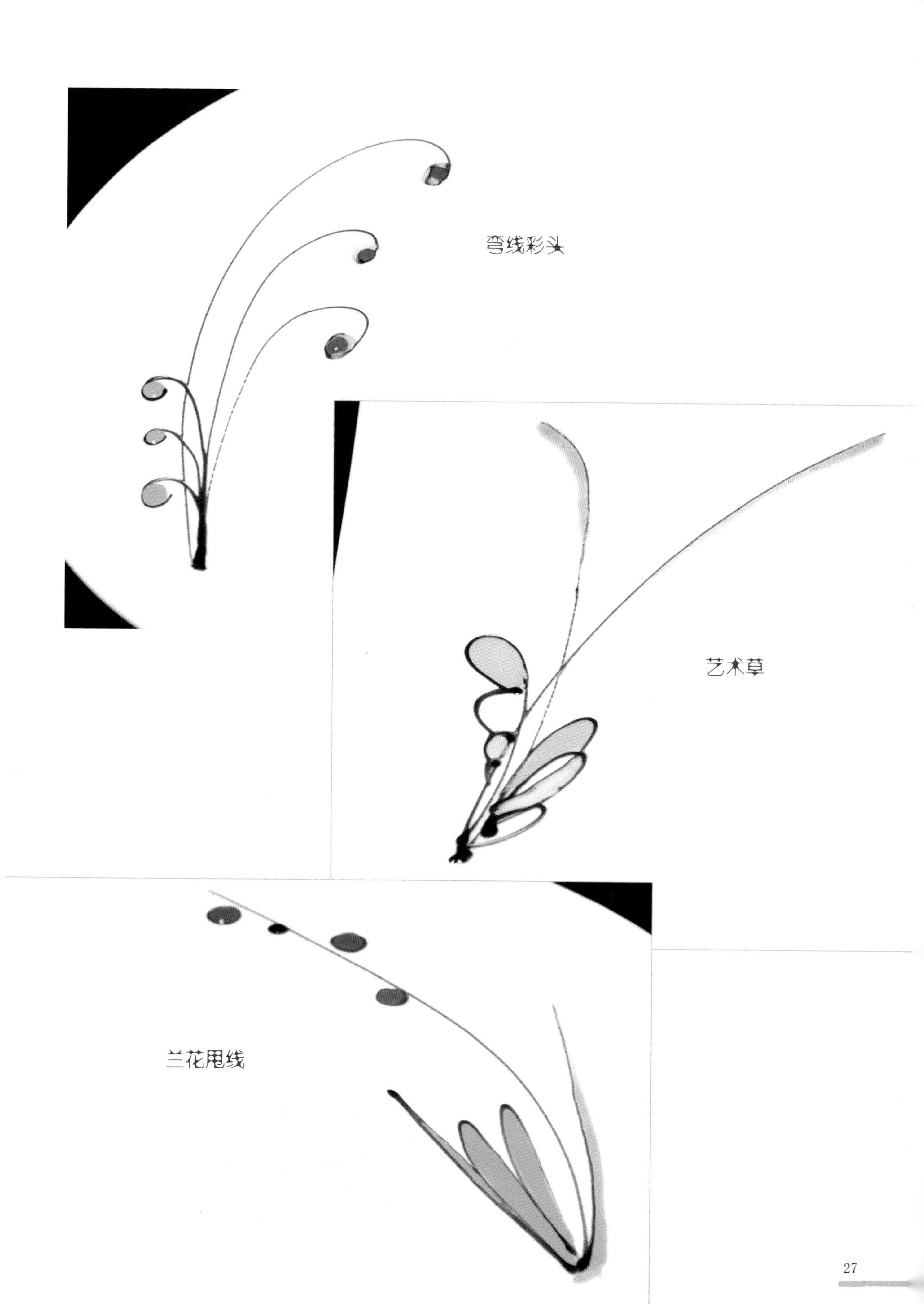
弯线彩头
艺术草
兰花甩线

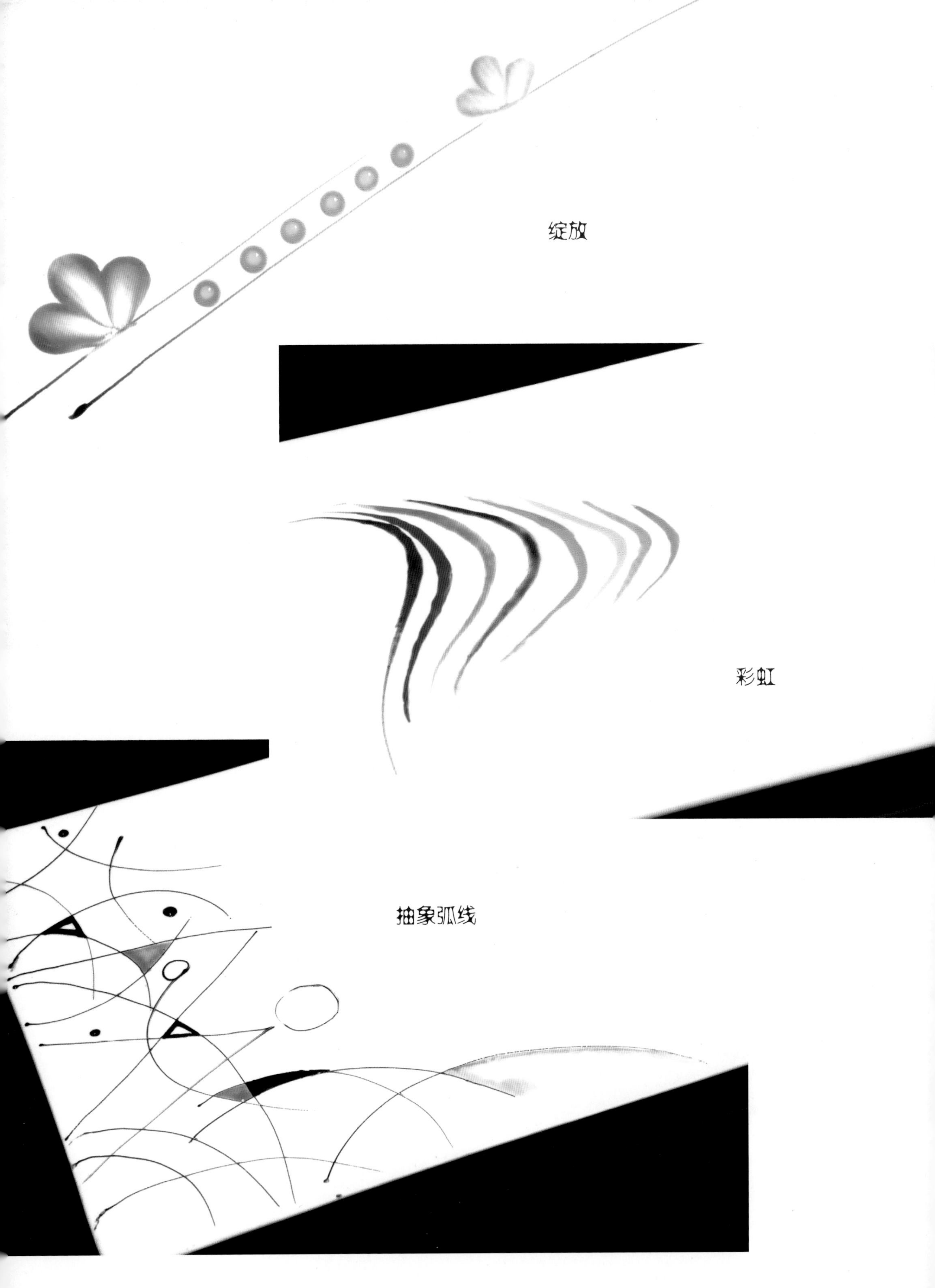
绽放
彩虹
抽象弧线

湖蓝斑点

黑色树枝

星星草

蒲公英

黄花

画黄色瓣时，先用果酱点几个点，而后用食指肚往中心抹开；再用红色果酱画出花芯。

枫叶

抽象树叶

使用裱花瓶绘画出线条，并涂色。

斑点接成的线条

这个盘子表面不平整，所以画出线条自带斑点。而后再用三色堇和小红果点缀。

红果子

先用红色果酱挤出两个大点，再用褐色和黄色果酱画出上方和下方的细节。

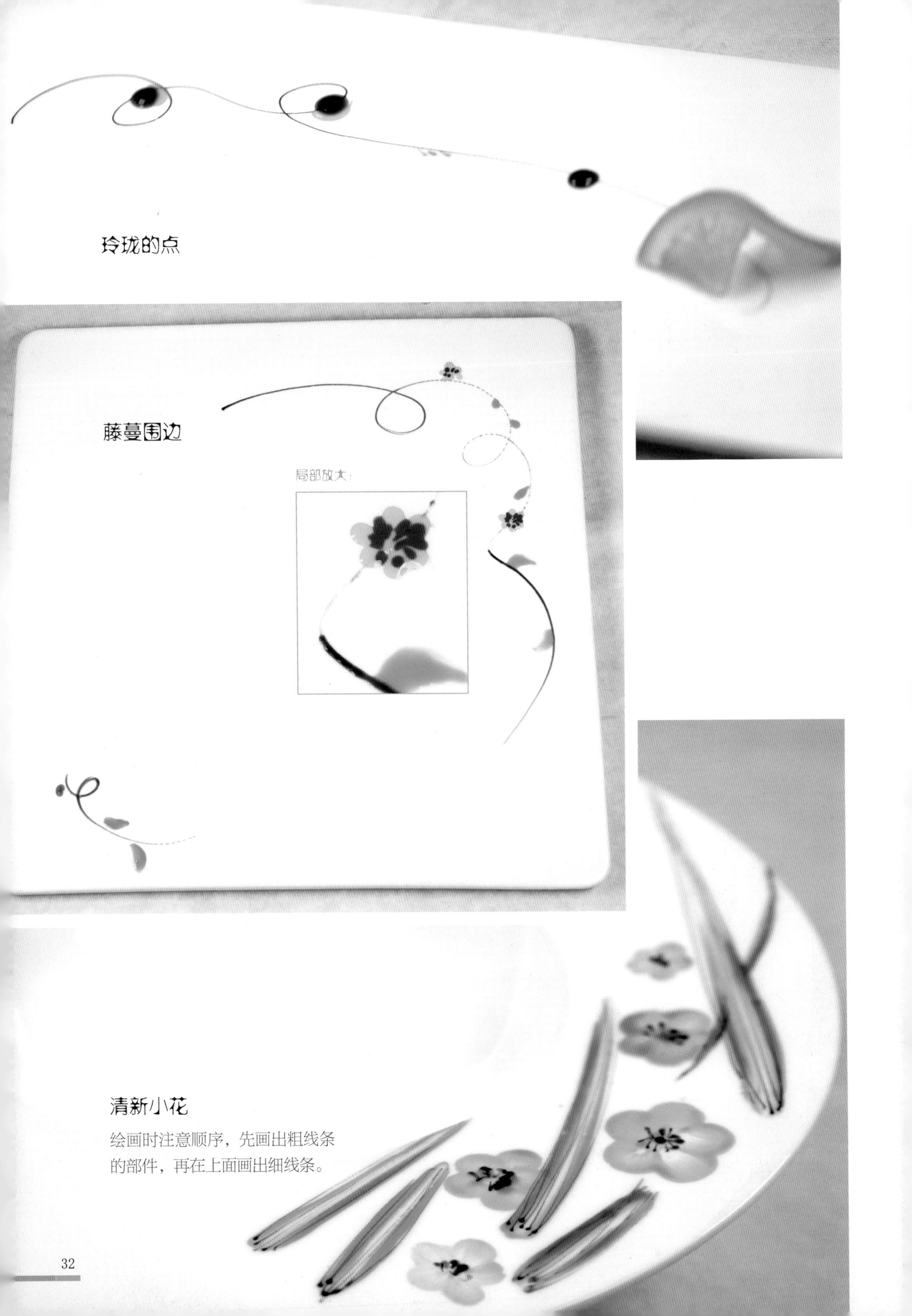

玲珑的点

藤蔓围边

局部放大：

清新小花

绘画时注意顺序，先画出粗线条的部件，再在上面画出细线条。

欢迎

斑点

点两排蓝色酱汁点；其中一排的外围用红色酱汁画出U形轮廓，中间涂黄色果酱即可。

生日快乐

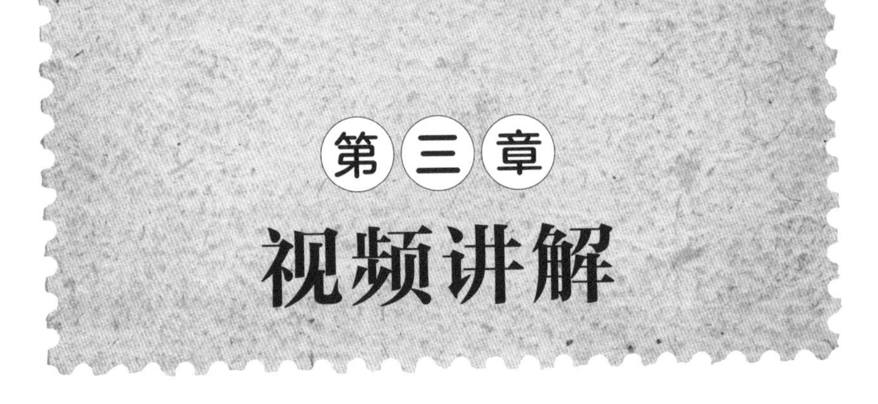

第三章 视频讲解

扫描下面的二维码，即可打开页面播放视频（无广告）。

本章内所有视频时长共 49 分钟。

注意：有的二维码内部含有红色小框，请在购书后使用任意深色笔（任意种类，任意深颜色） 将此小框内部涂暗（如下图所示），即可正常扫描。

视频播放小提示：

1. 如您扫描后不能播放视频，请在一开始耐心等待，因为初次播放视频有可能会有较长的缓存时间；并请检查自身网络情况。如仍然不能播放，可联系邮箱：170886971@qq.com。

2. 因网络存在不确定性，如此书出版已久，已超过印次时间（见本书版权页）5 年，本书出版者不为视频播放提供保障。

本类各作品绘画视频

同样备用码

家和万事兴

全景：

花草

本类各作品绘画视频

同样备用码

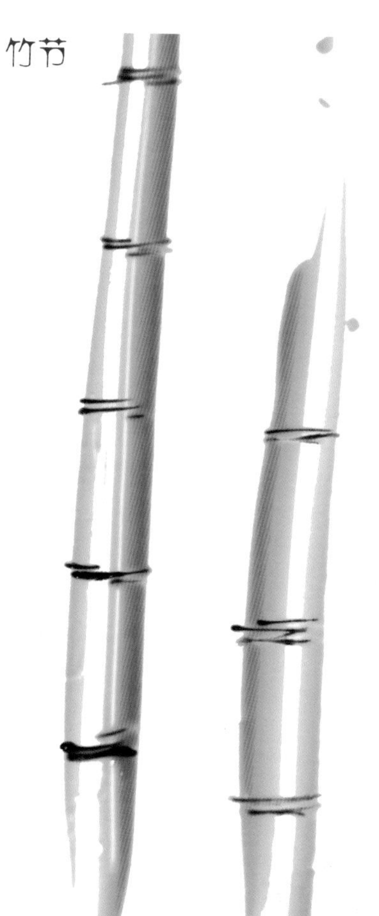

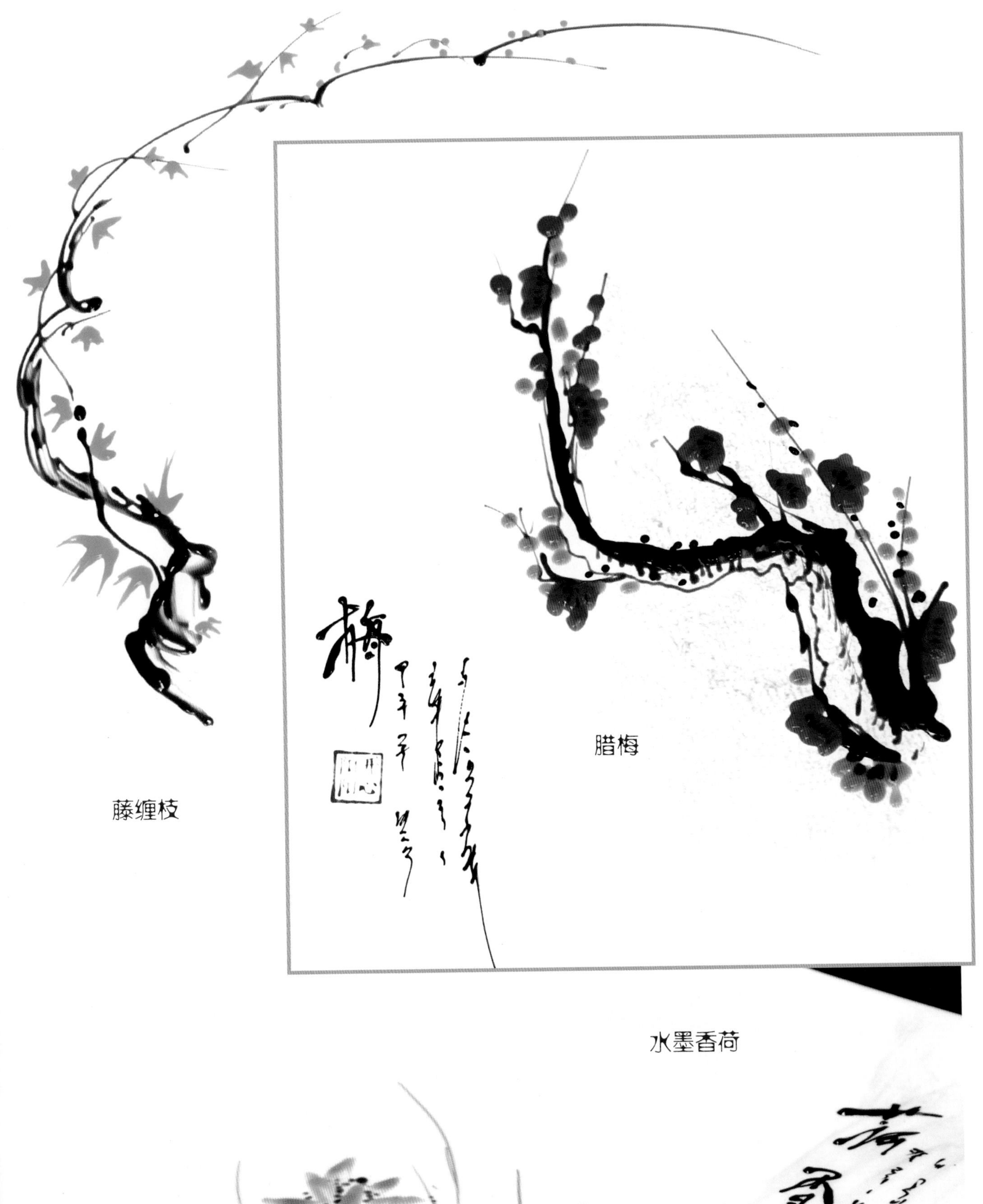

藤缠枝

腊梅

水墨香荷

水族

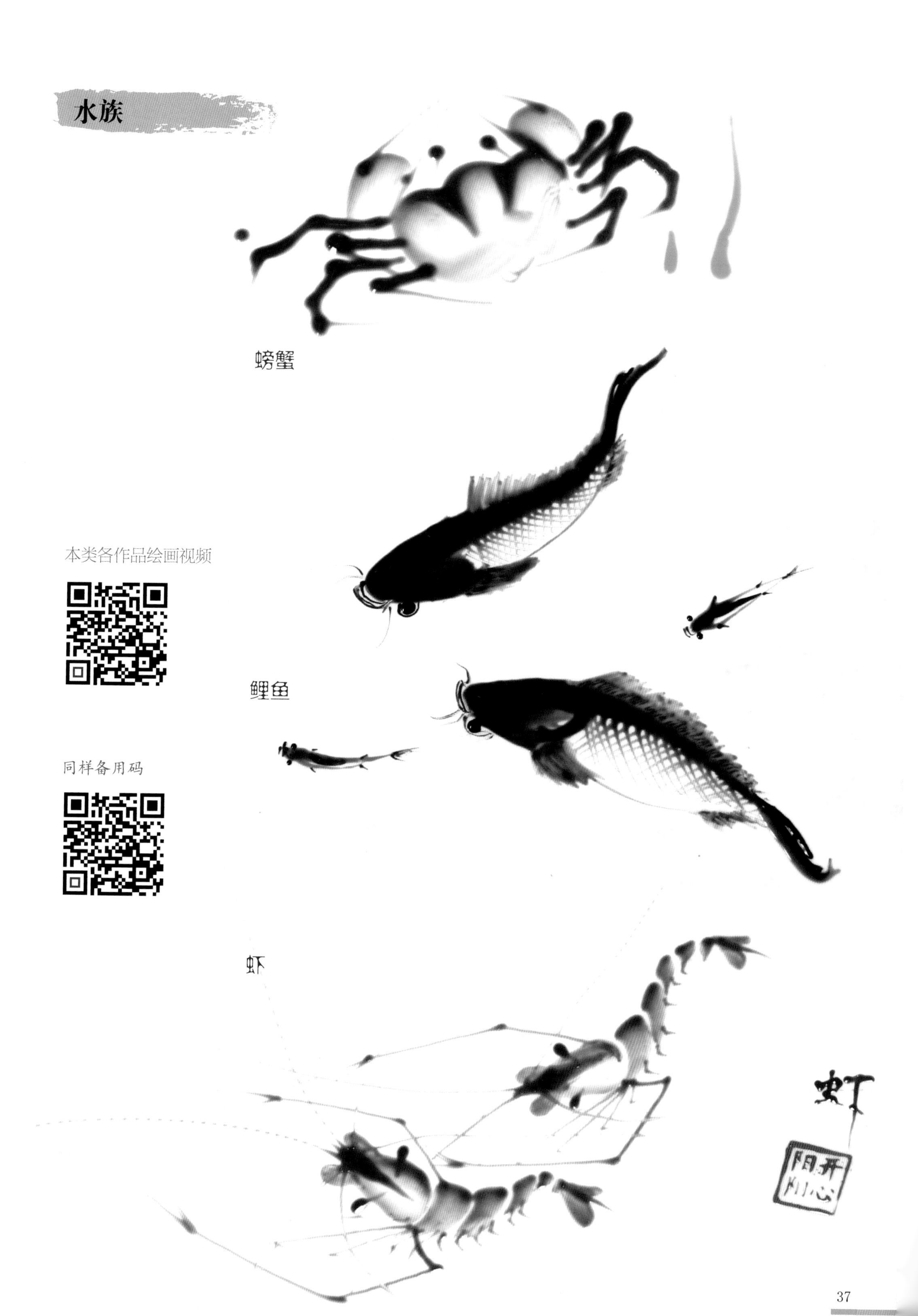

螃蟹

鲤鱼

虾

本类各作品绘画视频

同样备用码

花鸟虫

本类各作品绘画视频

同样备用码

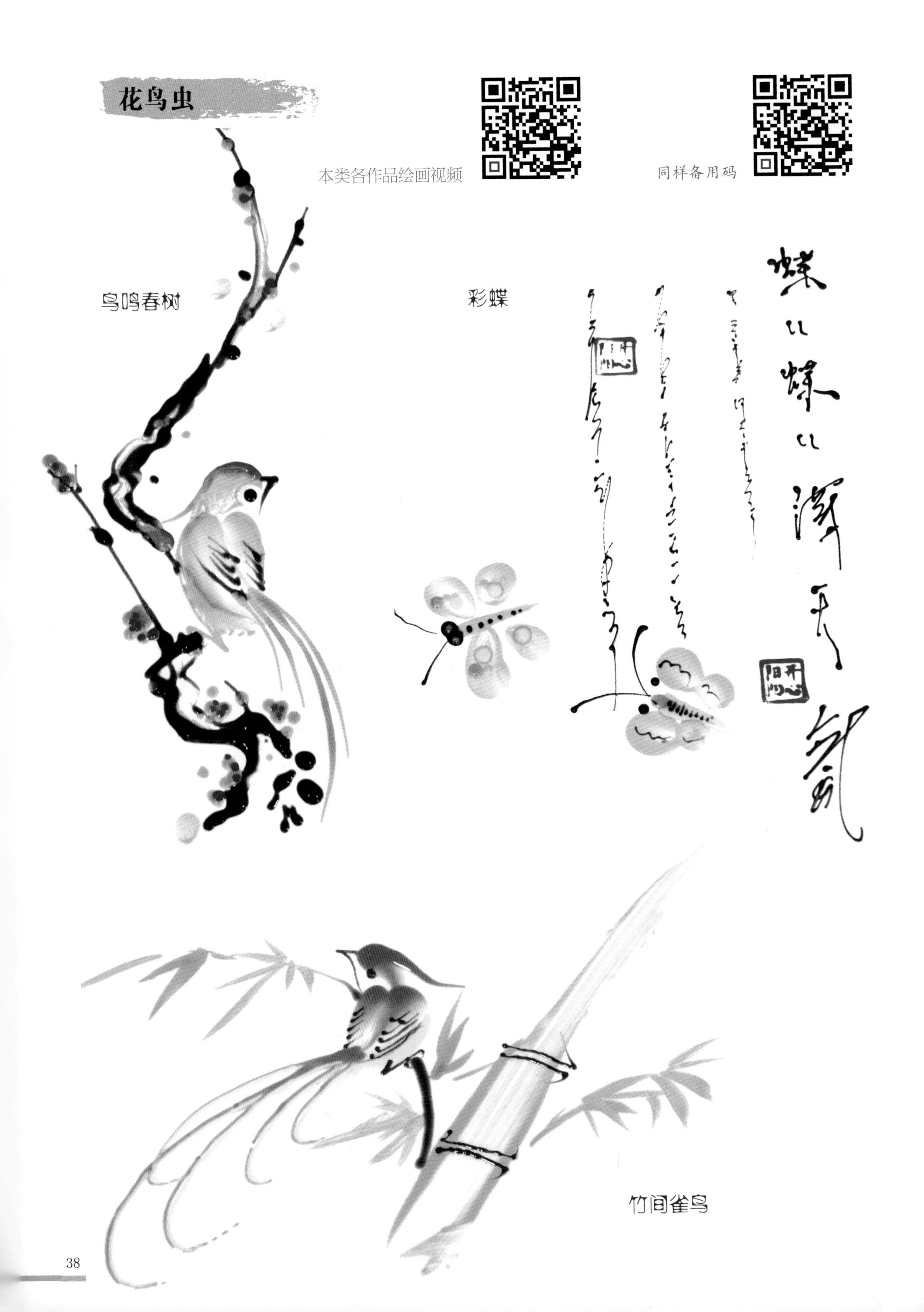

鸟鸣春树

彩蝶

竹间雀鸟

昂首阔步

雄鸡

注：视频中只演示脚爪和尾部羽毛的绘画。

第四章

常用专题

本章作品中，未特别说明绘画工具的，都是使用裱花瓶（视情况装上尖嘴，或不装尖嘴）；未特别说明颜料的，都可以使用果酱。

3 维画

水滴 <分步图解>

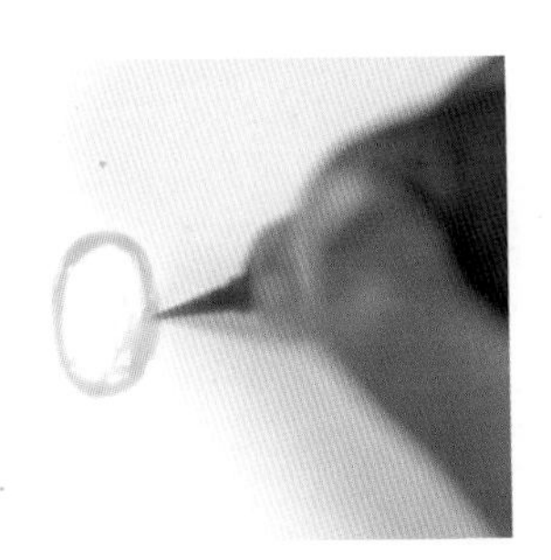

1. 用蓝色果酱画出椭圆形。

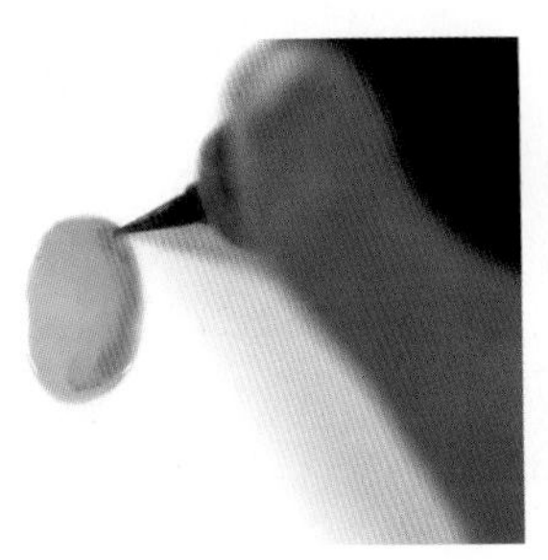

2. 均匀上色；再在一侧加深颜色。

3. 在加深颜色的一侧，进一步用黑色果酱画出渐变。

4. 用白色果酱在黑色区域点上圆点。

5. 同法加深另一侧的水珠边缘。

6. 同法画出另一颗较小的水珠后，开始画大片的水痕。先画出波浪线。

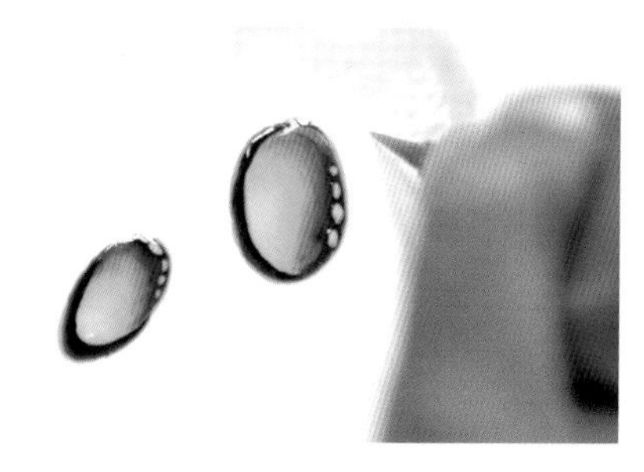

7. 从波浪线向内上色，颜色逐渐变淡。

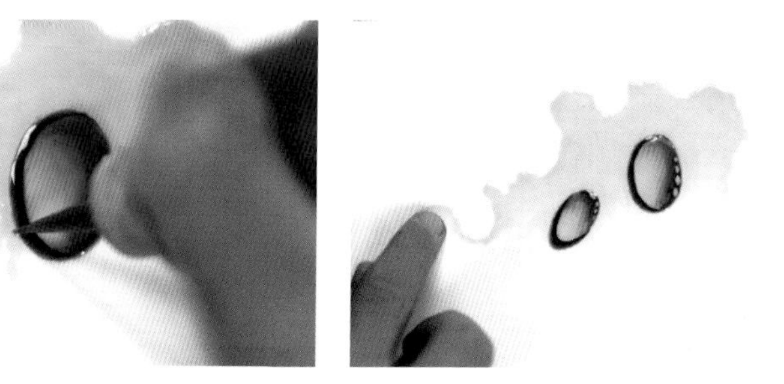

8. 小心包围水滴边缘。

9. 颜色变淡处用手指涂抹即可。

书法

味在其中

先用刮板刮涂巧克力酱形成背景，再用勾线笔抠出字体。

心旷神怡

背景是使用餐巾纸将橙黄色果酱刮开，再将边角修饰整齐而成。

汉字使用巧克力酱通过裱花嘴书写而成。

印文：万事如意

舍得

使用去掉裱花嘴的裱花瓶将巧克力酱写成字形，再使用勾线笔描绘局部。

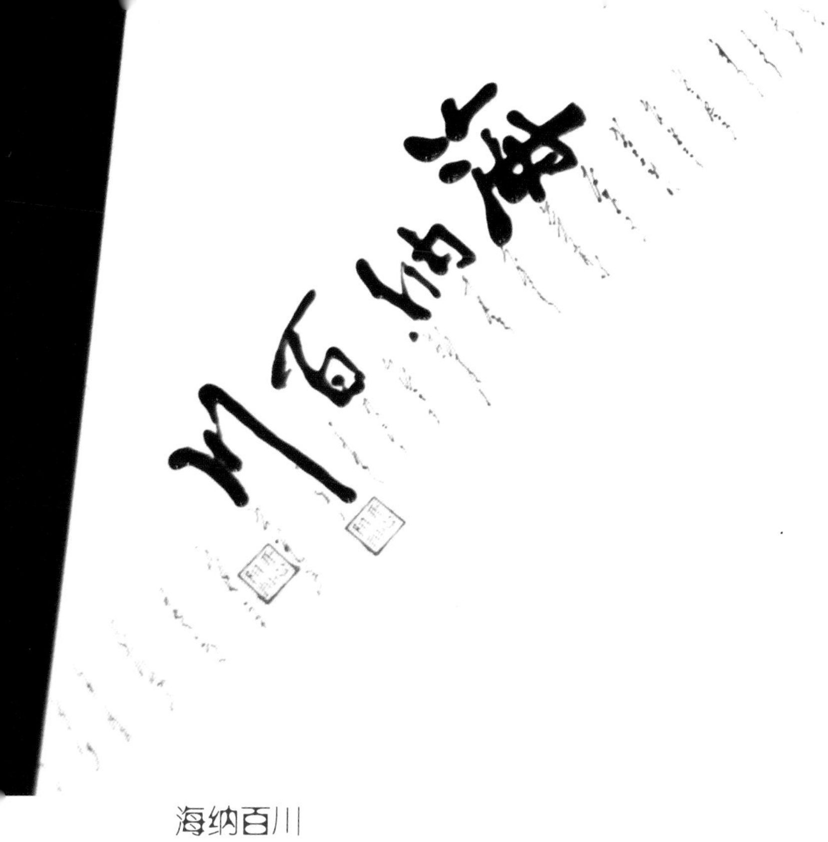

海纳百川

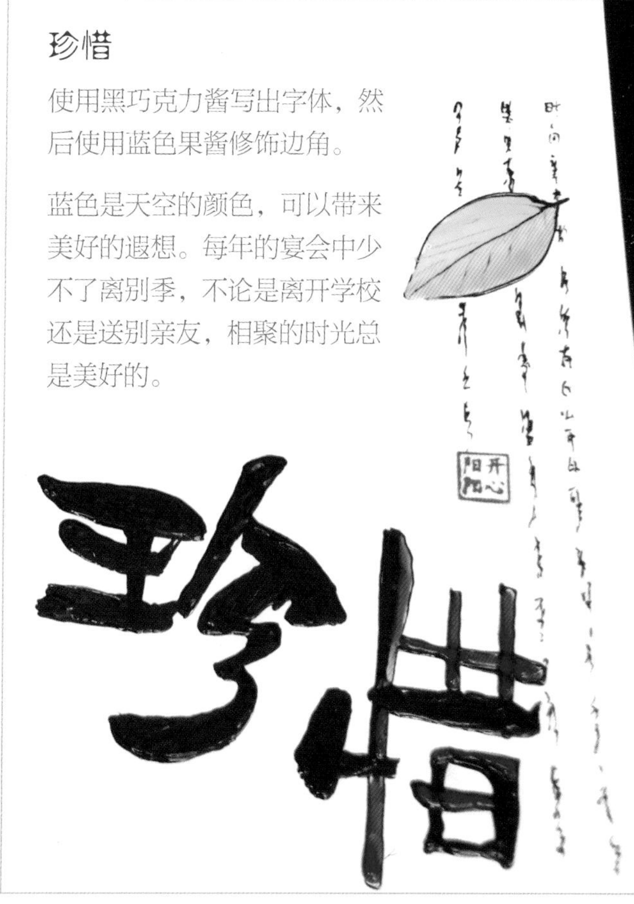

珍惜

使用黑巧克力酱写出字体，然后使用蓝色果酱修饰边角。

蓝色是天空的颜色，可以带来美好的遐想。每年的宴会中少不了离别季，不论是离开学校还是送别亲友，相聚的时光总是美好的。

自在

局部放大

竹

卡片画竹 <分步图解>

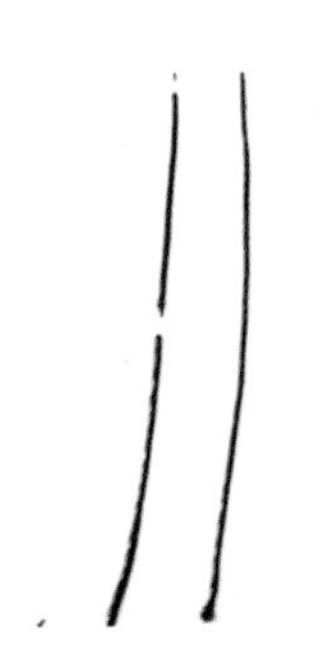

1. 画出两条自然弯曲的线条。

2. 使用自制弧形卡片将两条线分别刮成粗竹节，需从下往上一节一节地刮。两侧细竹竿的画法相似。

3. 点上果酱，再使用勾线笔划开形成竹叶。

刀面画竹 <分步图解>

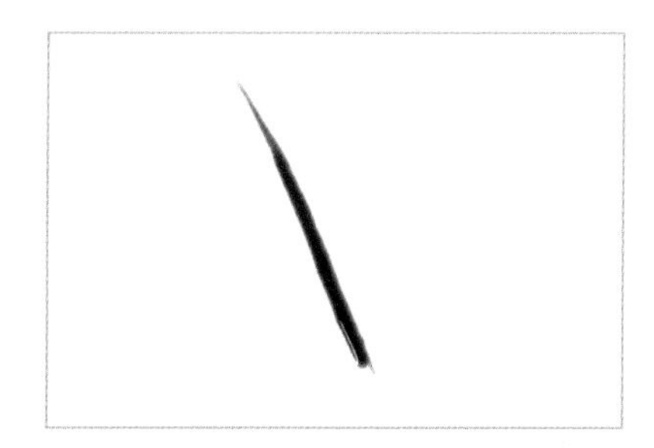

1. 画一条从细到粗的斜线。

2. 用刀面由上往下刮擦，并在竹节处横抹，即形成竹子的主干。

3. 画根部土壤时，先点上黑色果酱，再用手指抹开。

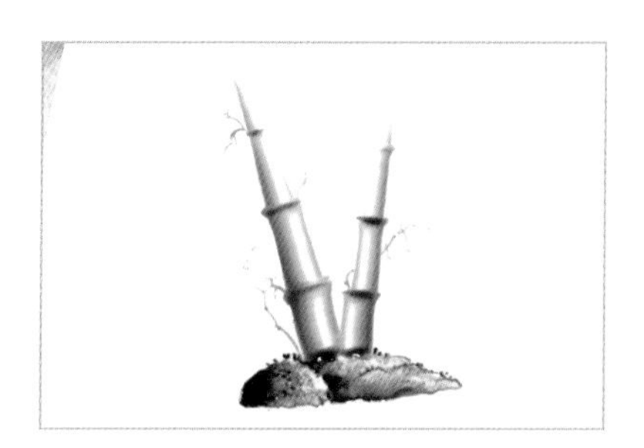

4. 再描出土壤边缘细节。

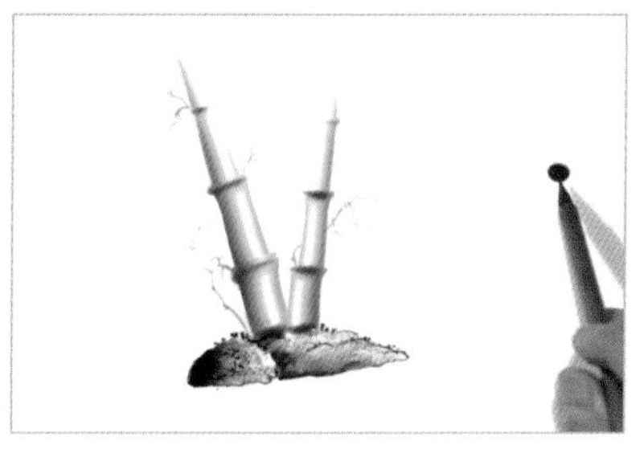

5. 用小头毛笔蘸绿色果酱画出枝条和叶片。

6. 画出绿色叶片。

7. 用黑色果酱修饰叶片，而后再涂画地面。

8. 抹开地面。

牙签画竹 <分步图解>

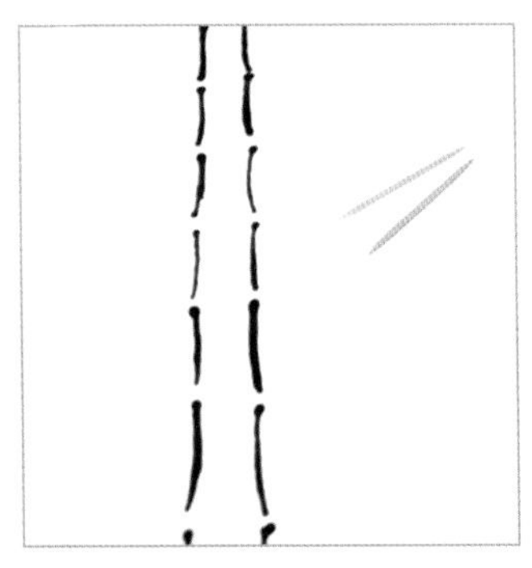

1. 先用裱花瓶装巧克力酱画出主竹干轮廓线。

2. 用牙签横向拉开颜料。

3. 分别从两侧轮廓线向里拉。

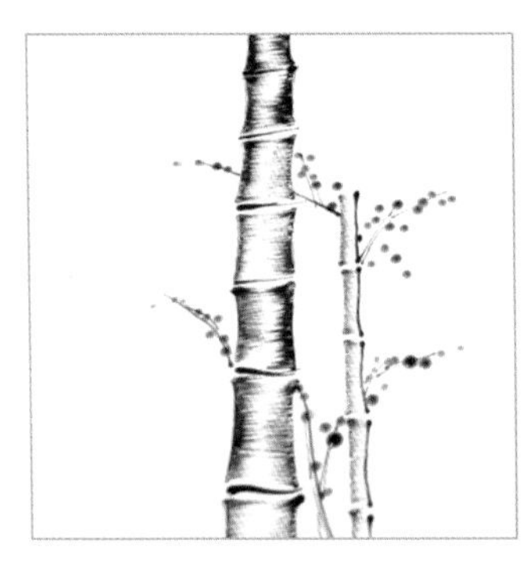

4. 在一旁画小竹子，画好枝干后在枝上用绿色果酱打点。

5. 用勾线笔勾出竹叶。

绿意竹林

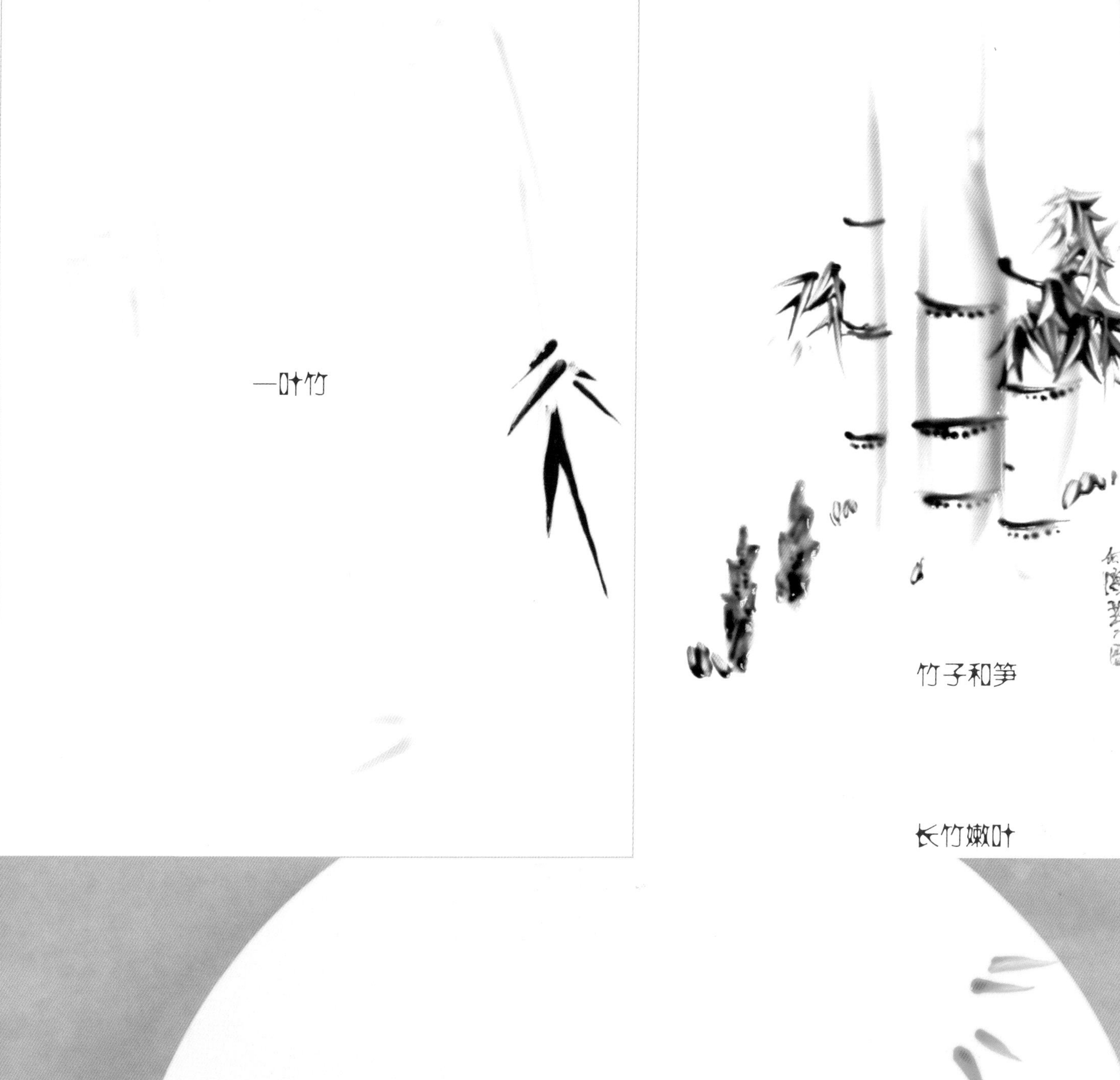

一叶竹

竹子和笋

长竹嫩叶

梅花

指肚点梅花 <分步图解>

用裱花瓶画出线条，点上红点，再使用手指轻轻抹出梅花的花瓣。

空瓶口画梅枝 <分步图解>

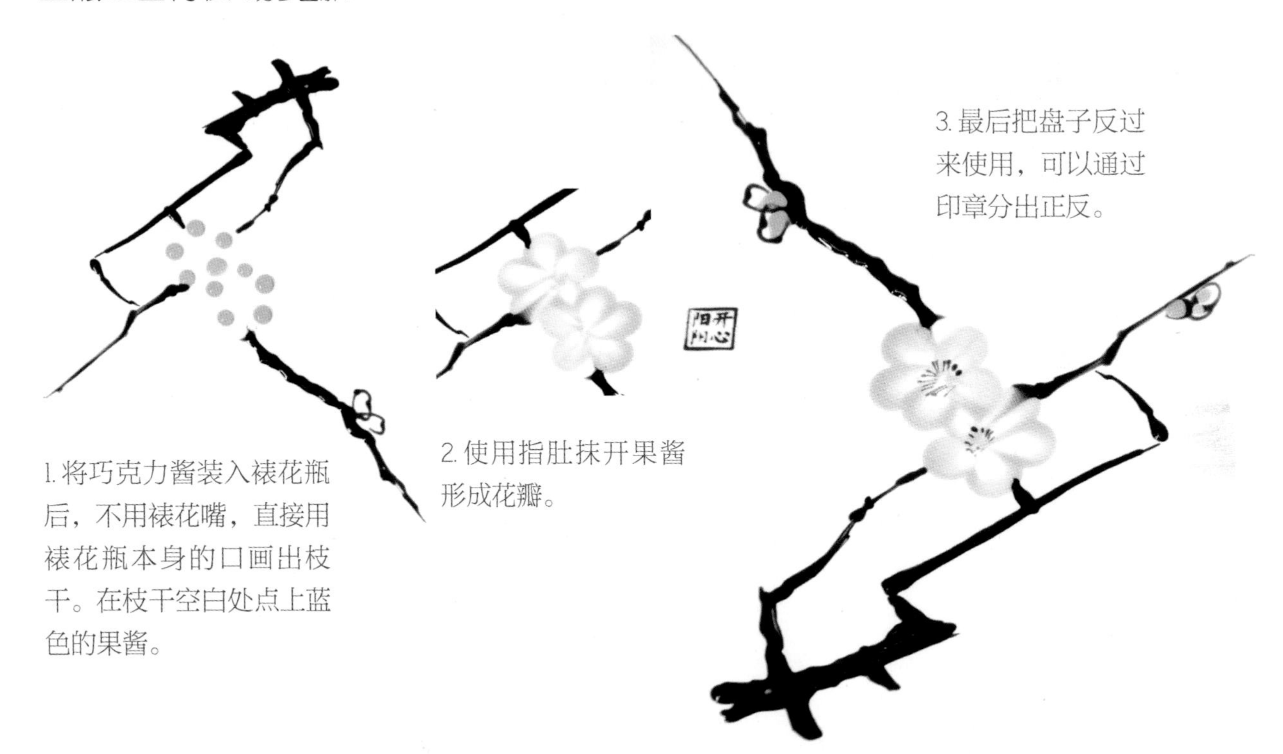

1. 将巧克力酱装入裱花瓶后，不用裱花嘴，直接用裱花瓶本身的口画出枝干。在枝干空白处点上蓝色的果酱。

2. 使用指肚抹开果酱形成花瓣。

3. 最后把盘子反过来使用，可以通过印章分出正反。

裱花袋画梅枝条 < 分步图解 >

裱花袋比裱花瓶软，在裱花袋内灌装巧克力酱，按下其尖端涂抹，效果类似毛笔。

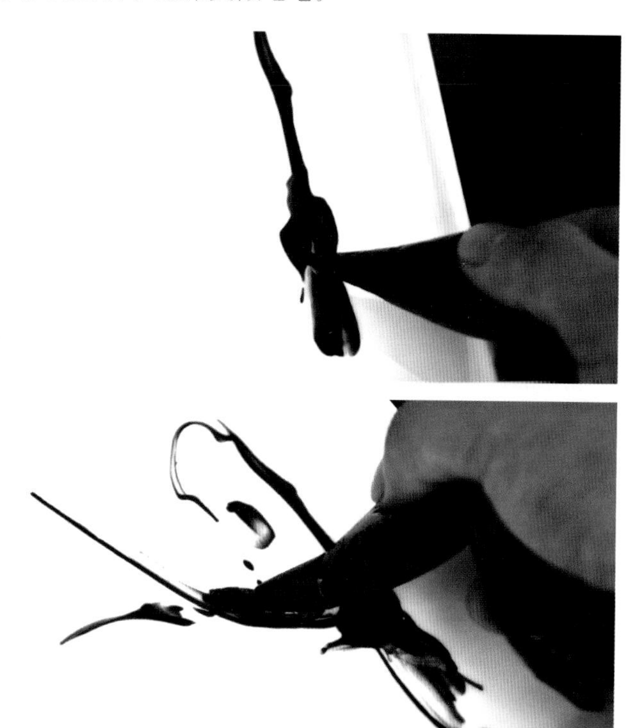

卡片画梅枝 < 分步图解 >

1. 从下往上画出枝干主体。

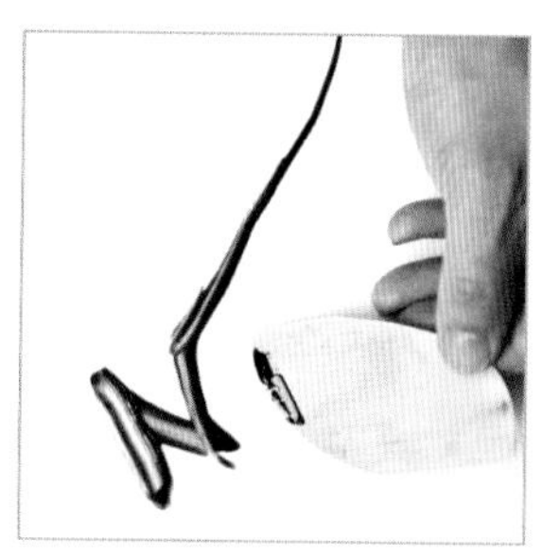

2. 使用V形刮板刮空。

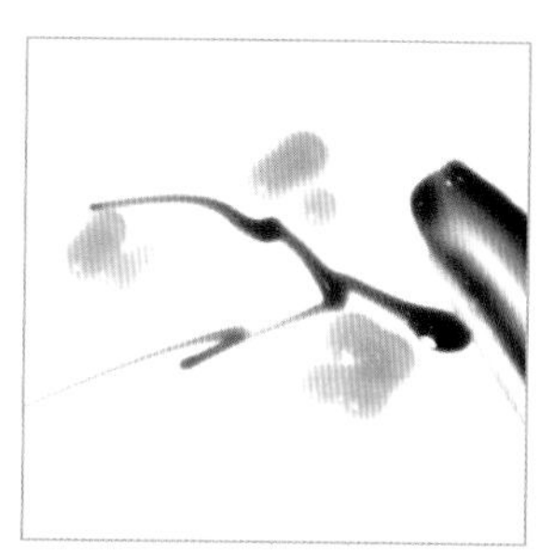

3. 画出细枝，再使用粉红色果膏点上花瓣圆点。

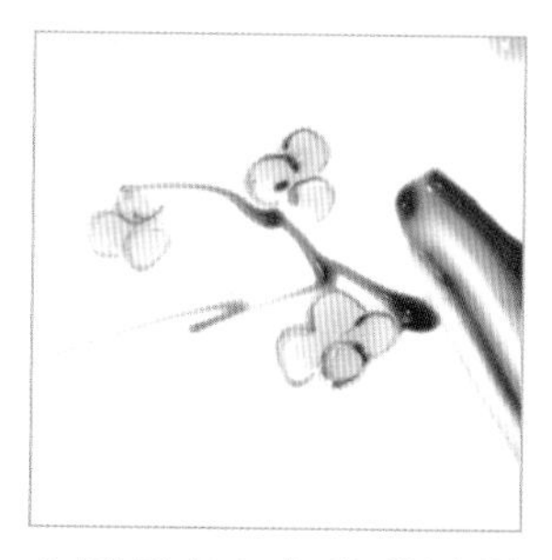

4. 用巧克力酱为花瓣描边。

餐巾纸画梅枝 < 分步图解 >

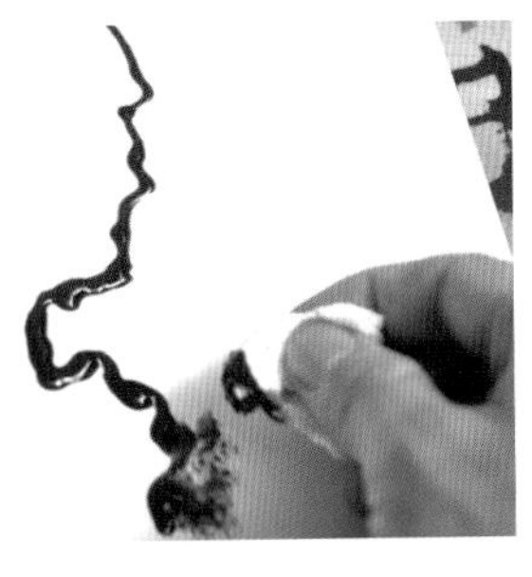

1. 使用巧克力酱画出树木主干一侧的轮廓。然后使用折叠后的餐巾纸从下而上一点点涂开酱汁。

2. 画出枝干。

3. 使用红色果酱点出花朵，然后使用指肚点开花瓣。

工笔风格梅枝 + 棉签花晕 < 分步图解 >

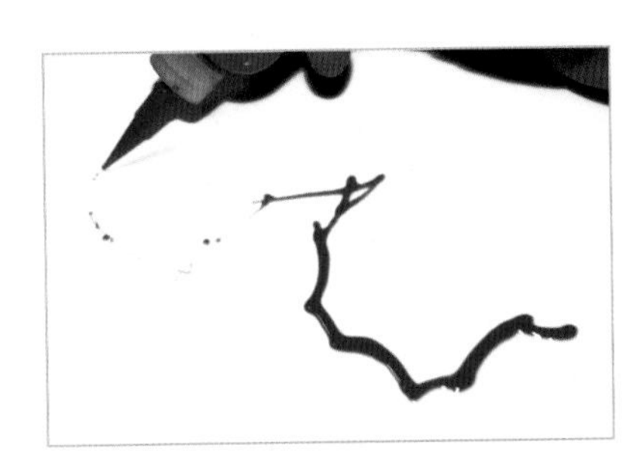

1. 用浅色果膏画出主干。

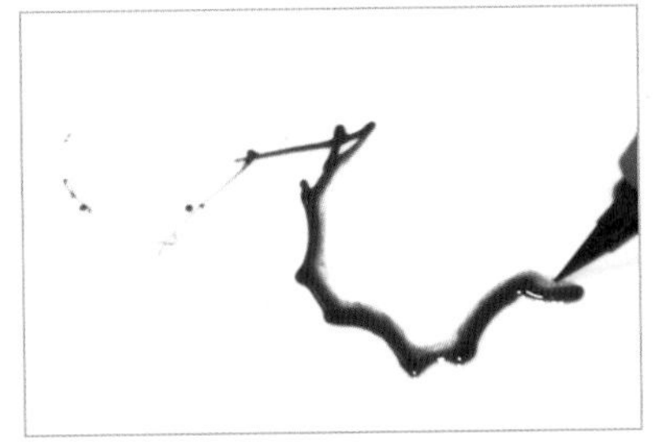

2. 涂叠出渐变效果。

3. 选用深色果膏画出轮廓。

4. 完善分枝。

5. 用红色果膏点5个点成一朵花。

6. 用棉签点戳花瓣涂开。

杏梅 < 分步图解 >

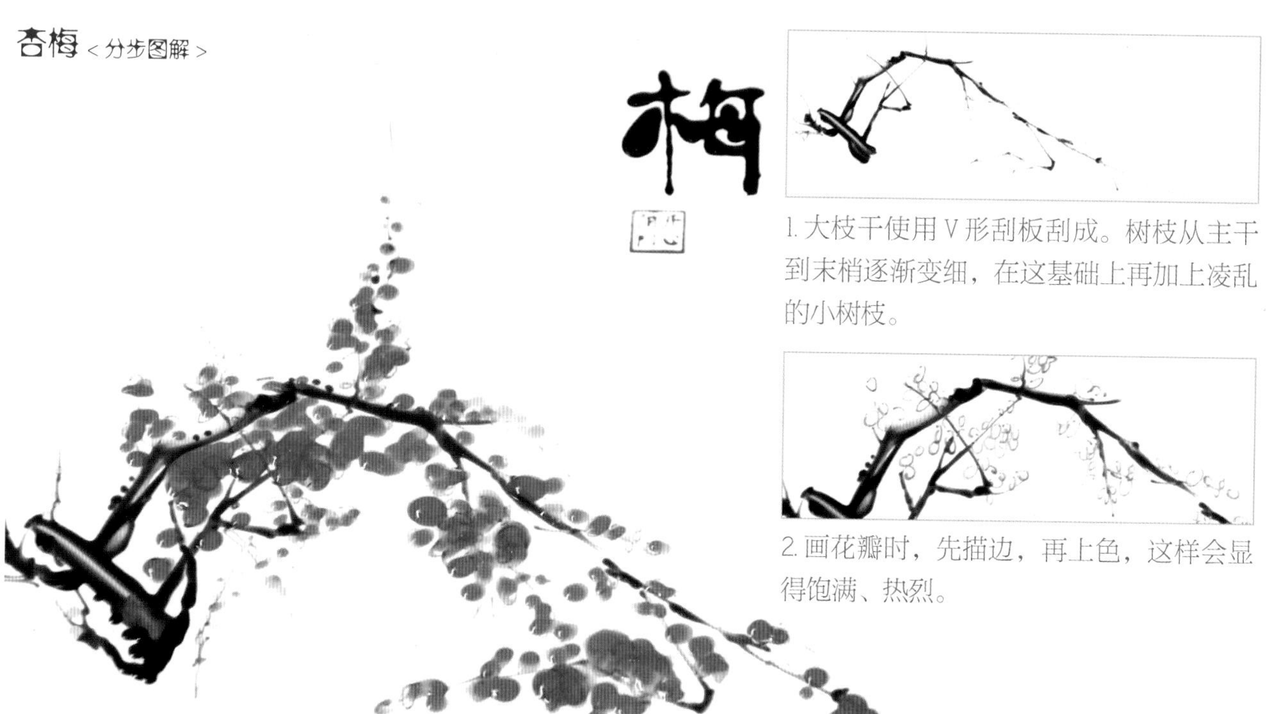

1. 大枝干使用V形刮板刮成。树枝从主干到末梢逐渐变细，在这基础上再加上凌乱的小树枝。

2. 画花瓣时，先描边，再上色，这样会显得饱满、热烈。

3. 给花瓣上色时，先用粉红色果膏在外围点出一些花点，再用橙红偏红色的果膏填满主要的花瓣。

浓墨飘梅 <分步图解>

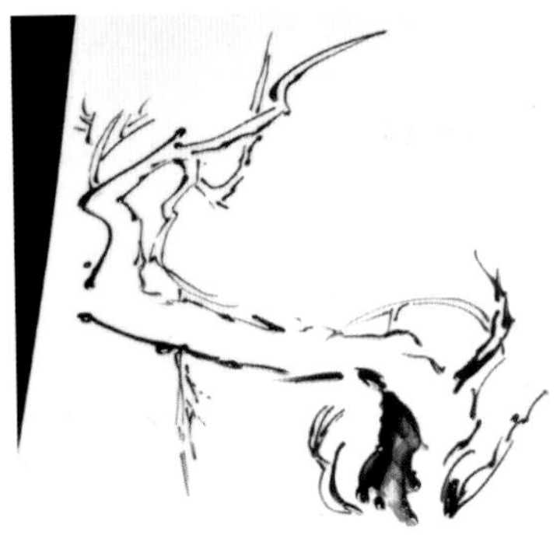

树木主干线条曲折，腾出盘面中部，方便装菜。

树干树枝先用巧克力酱画出轮廓，再上色，最后用一些藏青色果膏点缀。

一剪梅

疏影横斜

梅香

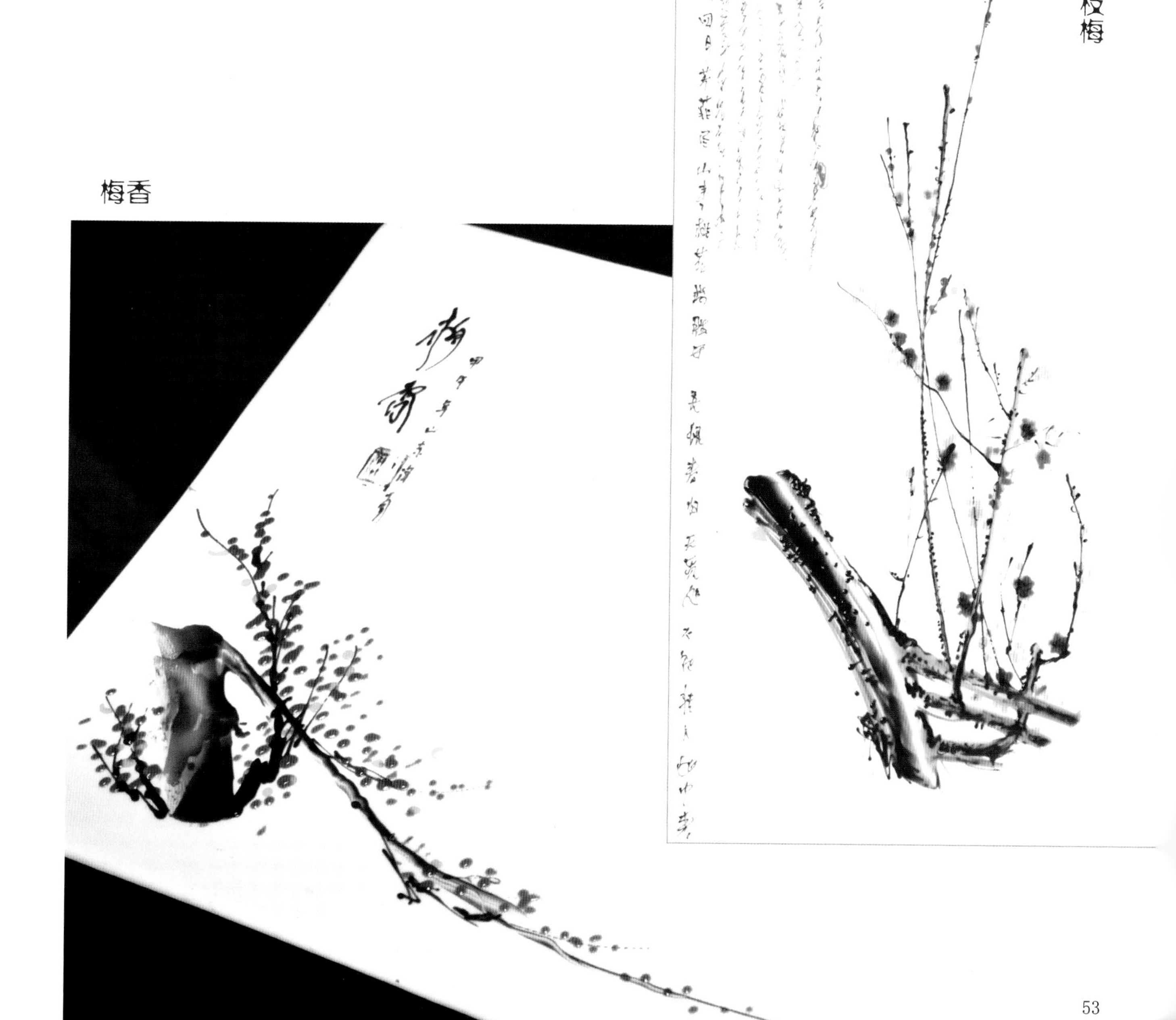

一枝梅

白梅

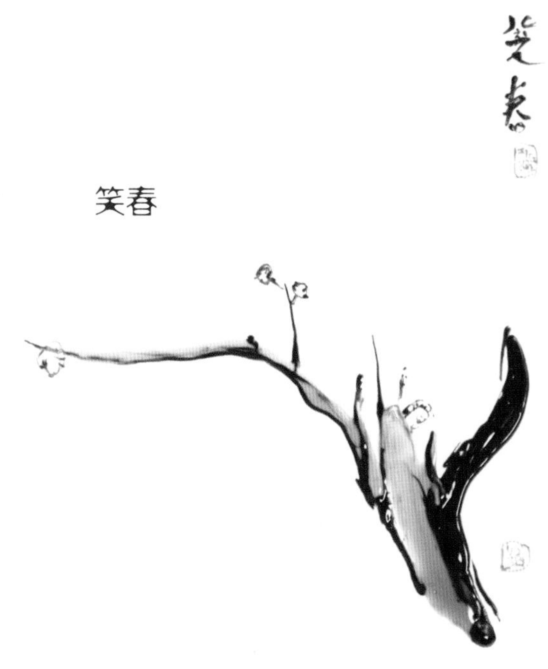

笑春

迎春

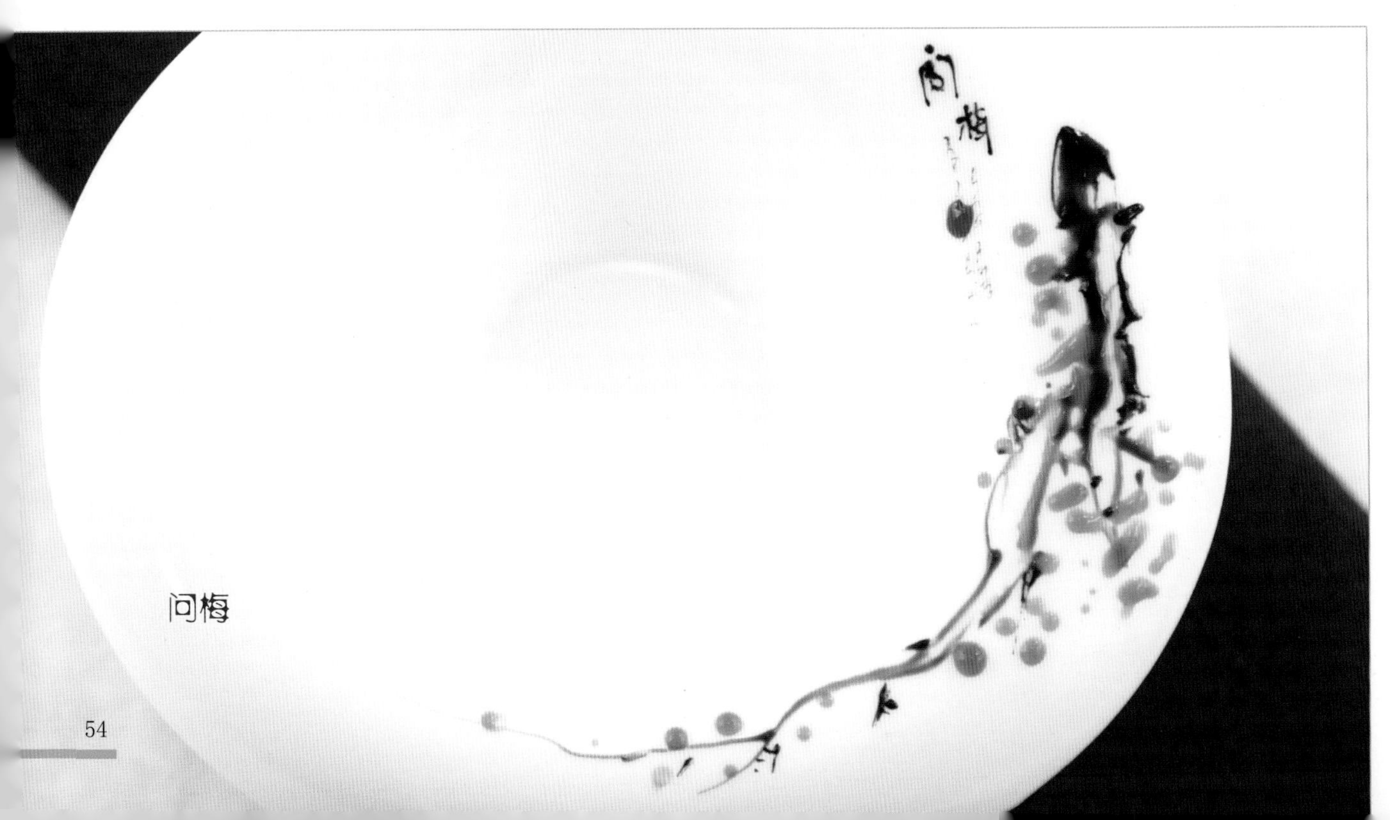

问梅

兰花

蝴蝶兰 <分步图解>

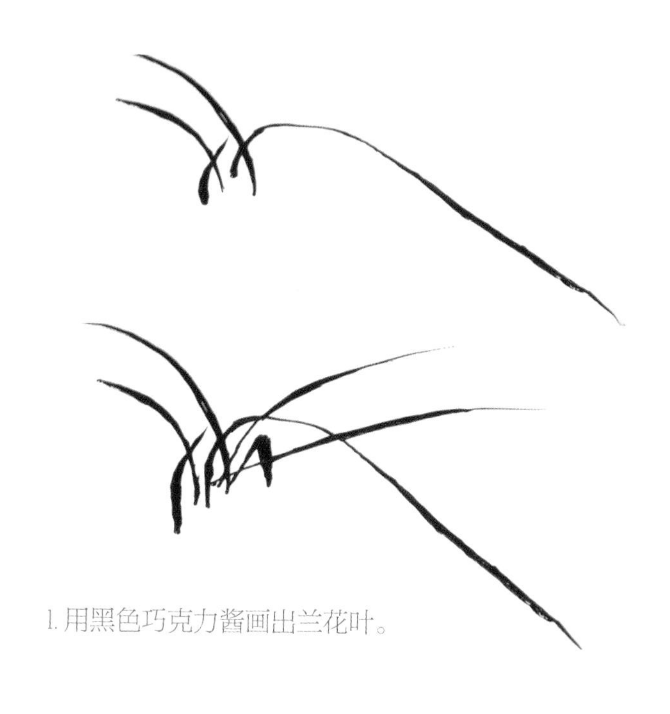

1.用黑色巧克力酱画出兰花叶。

2.花朵上色的方法是：先用透明果膏上一遍透明色，再使用柠檬黄果酱轻轻地涂色，最后使用棕色果酱画出轮廓。

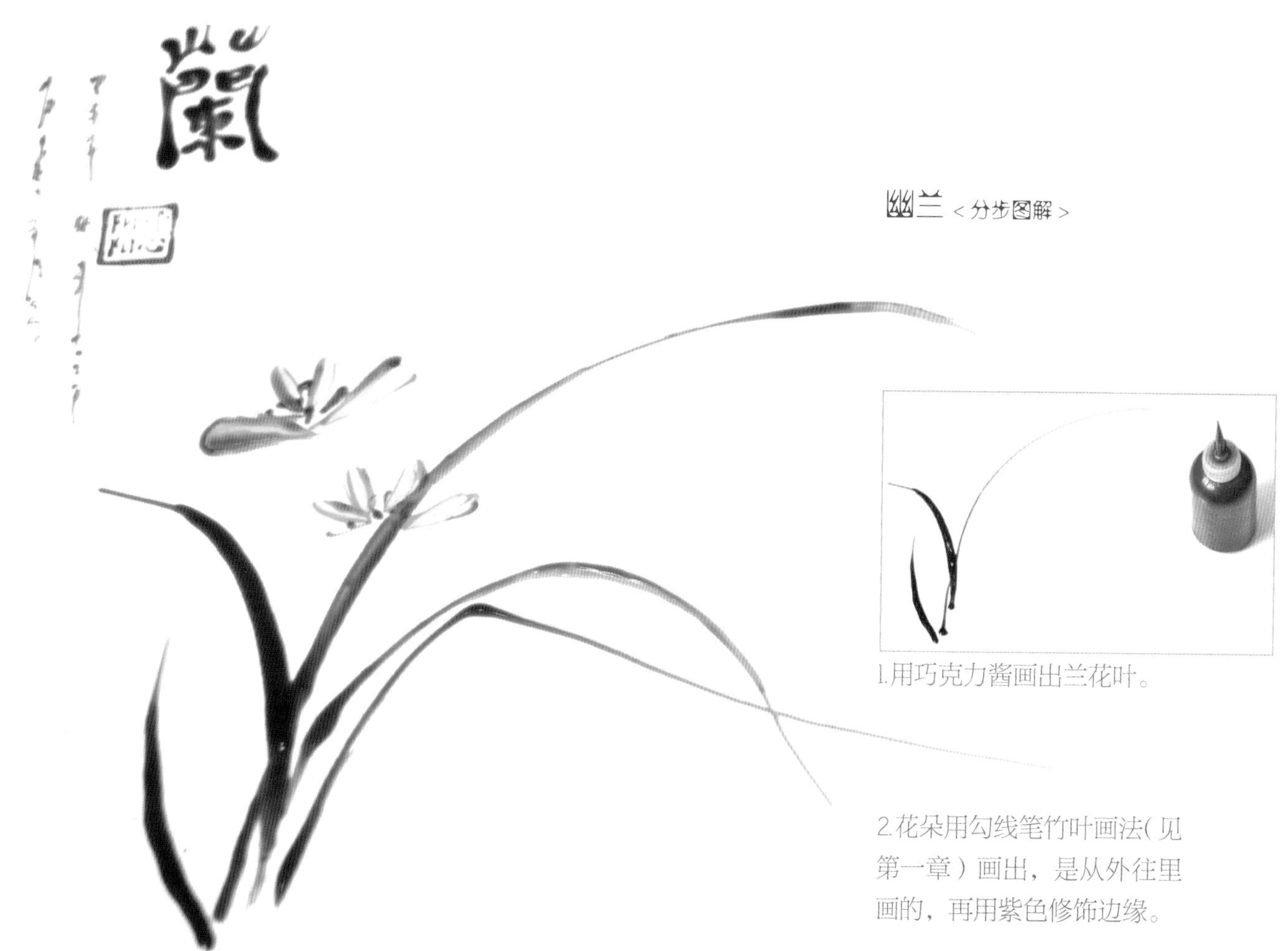

幽兰 <分步图解>

1.用巧克力酱画出兰花叶。

2.花朵用勾线笔竹叶画法（见第一章）画出，是从外往里画的，再用紫色修饰边缘。

深浅分明的石兰 < 分步图解 >

1. 用浅色果酱粗略画出石头的轮廓。

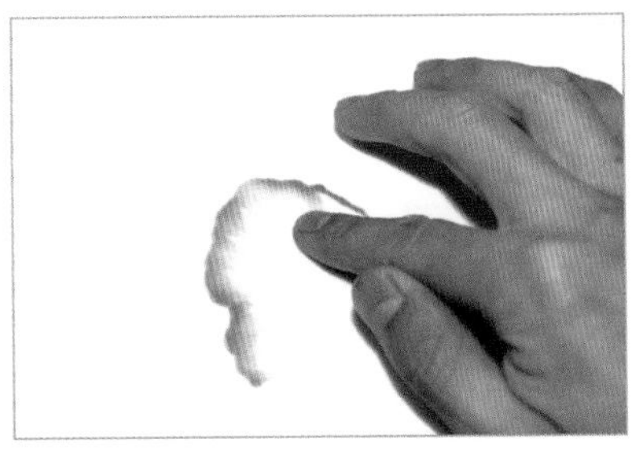

2. 用手指肚向内抹掉轮廓线，形成石头面。

3. 用深色果酱描绘出石头边缘的细节。

4. 用浅色果酱画兰花叶。

5. 用深色果酱画兰花叶。

6. 用小毛笔描画花朵。

7. 用手指涂抹出地面。

轮廓明显的石兰 <分步图解>

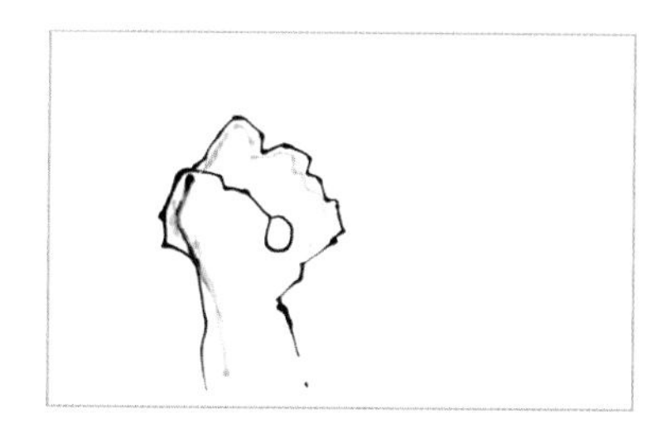

1.使用黑色巧克力酱和水墨色果膏，画出假山石的轮廓。

2.使用牙签从外往里涂色。

3.使用巧克力酱画出兰花叶的轮廓，再用绿色果膏上色。

林间兰花

莲花·蓬·藕

展叶荷花 <分步图解>

1. 逐步画出立体感的荷花轮廓。

2. 使用红色果酱，从上往下给花瓣上色，注意要用渐变效果。

3. 画荷叶的顶面线。

4. 用手指依次往一侧抹。

5. 清理末端多余的绿色后，用黑色果酱画出叶脉以及轮廓。

6. 画出枝干。

7. 点出枝干上的斑点。

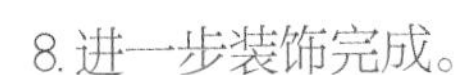

8. 进一步装饰完成。

平叶荷花 <分步图解>

画叶时，用手指抹出荷叶的大体形状，再用黑色果酱描绘轮廓。

画花时，先用黑色果酱描绘轮廓，再用红色果酱上色。

莲蓬荷花 <分步图解>

1. 用紫色与红色果酱调成荷花瓣的颜色，在盘面挤出一点，而后用手指肚抹开成为花瓣。注意花瓣间的排列关系。

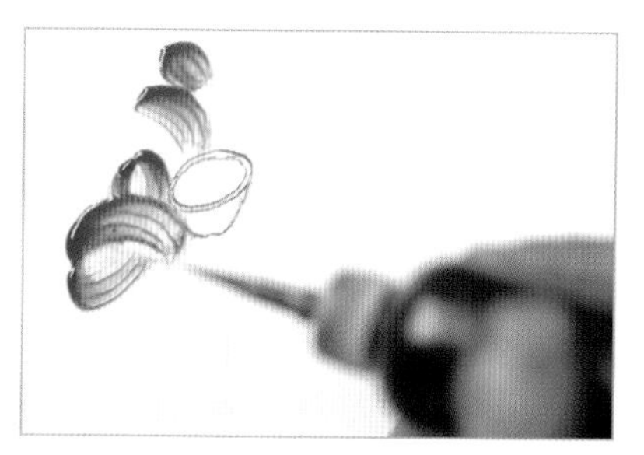

2. 取花朵中间位置画出莲蓬的轮廓。

3. 手抹花瓣要轻盈，可以多次练习以掌握得当。

4. 在花瓣上再用同色果酱画出细细的脉络。

5. 用黄色果酱涂匀莲蓬平面，再用绿色果酱画出阴暗面，以此形成立体效果。

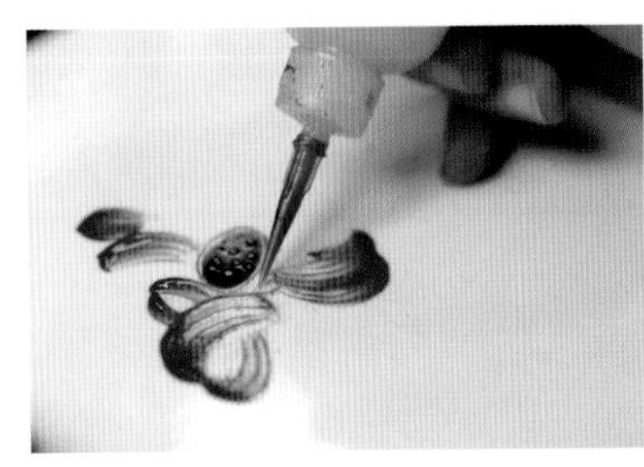

6. 画莲子、莲蓬侧面时，也是用前面双色的画法，画出立体效果：莲子是使用绿色 + 白色；莲蓬侧面的画法和正面一样，画完后还要加上脉络线条。

7. 画出零碎的花蕊。

8. 用黑色果酱画出茎，点上点。

9. 画出杂草等。

水墨荷香

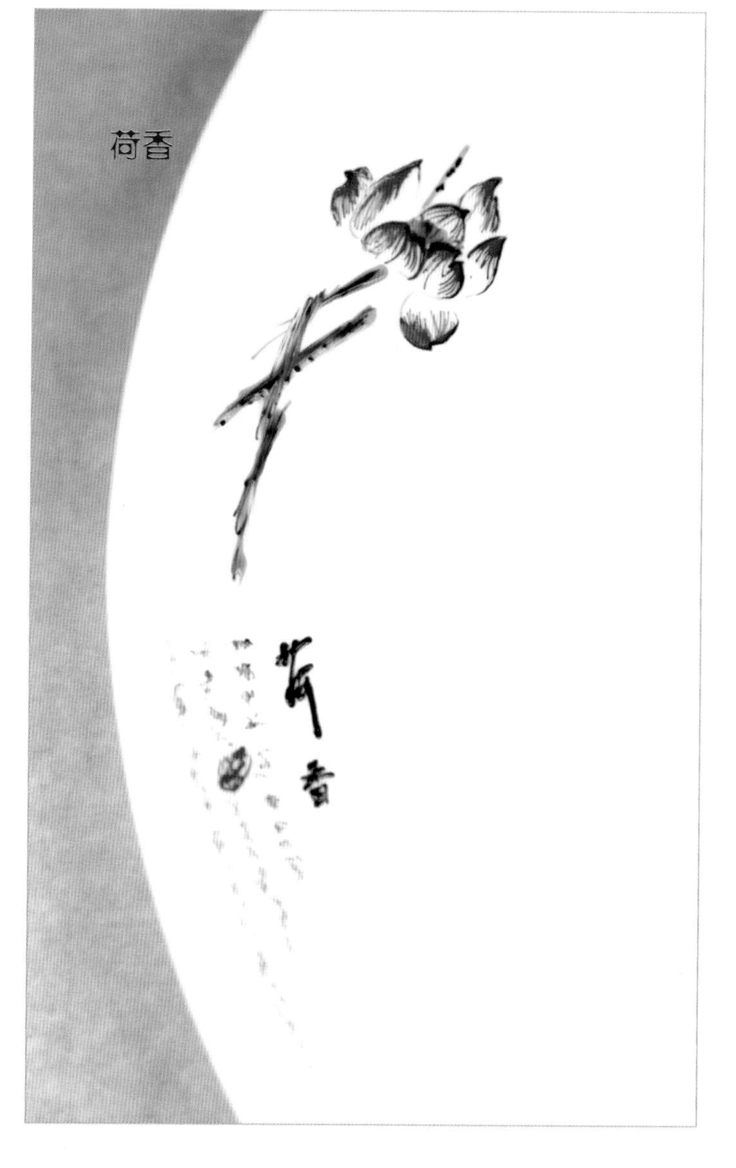

荷香

含苞荷叶

夏夜荷

心语

鱼戏荷一

秋荷

简荷

鱼戏荷二

秋夕恋荷

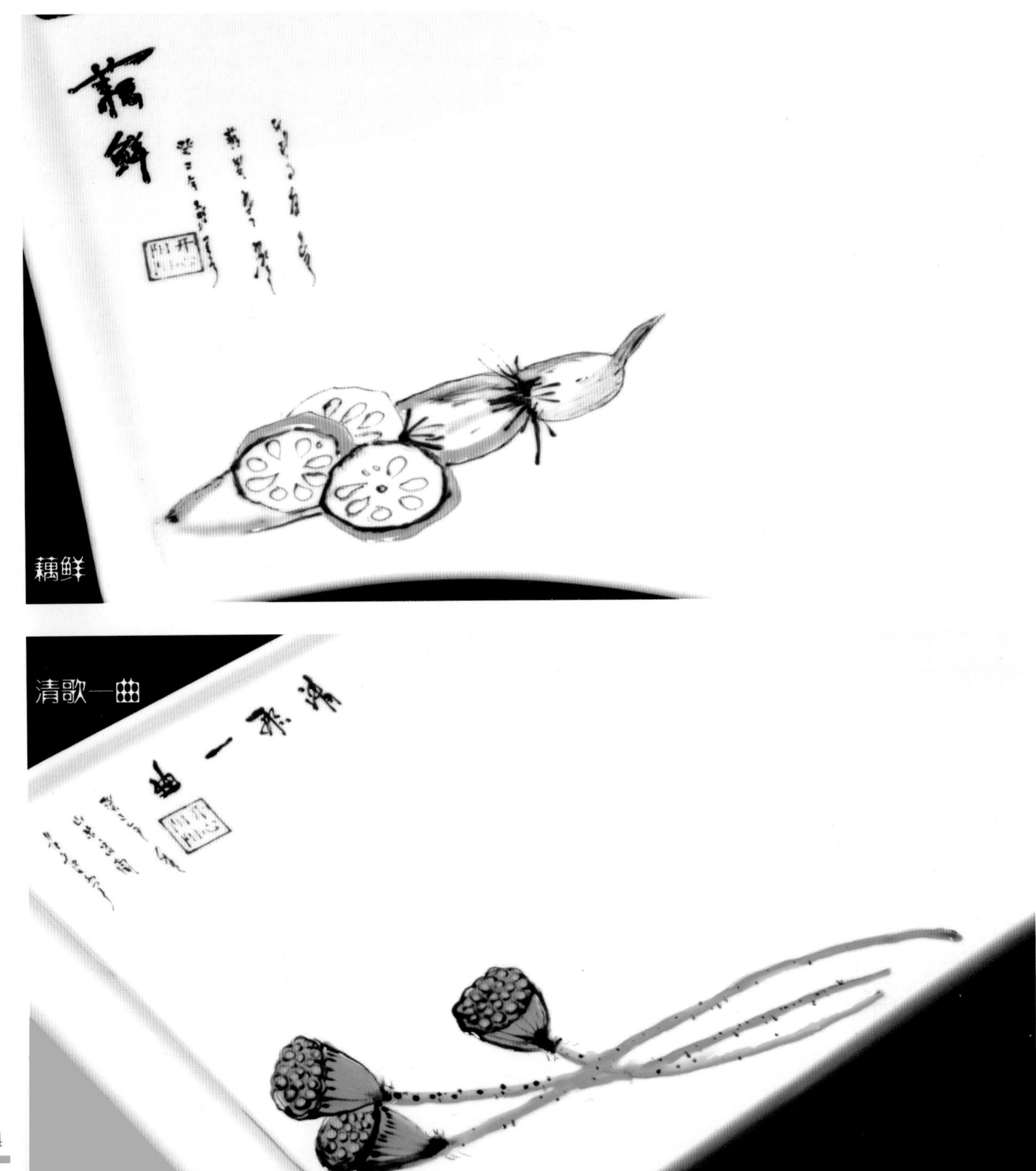

藕鲜

清歌一曲

带芽泥藕

佳秋

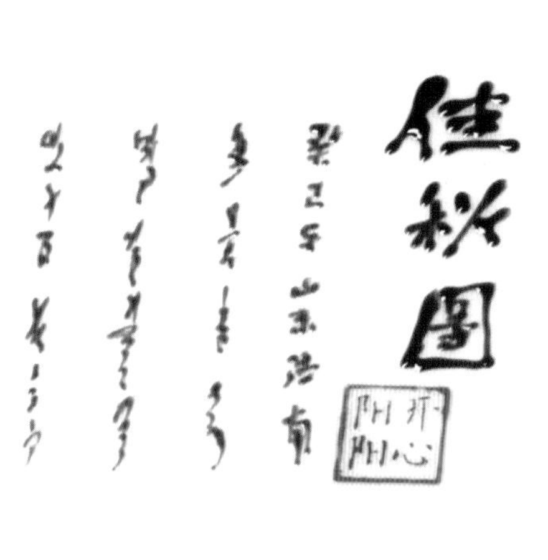

牡丹花

裱花瓶画牡丹 <分步图解>

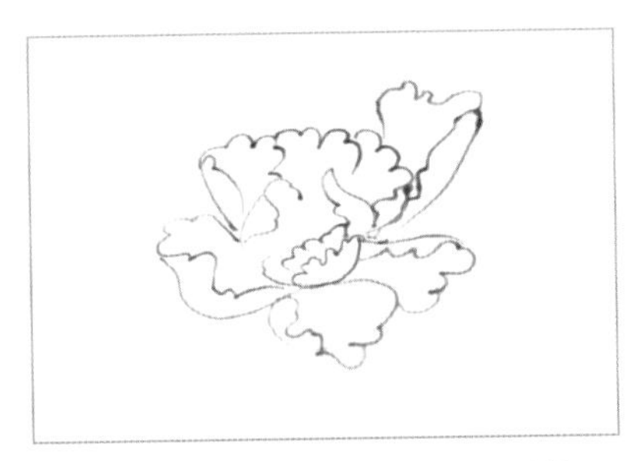

1.牡丹花的各个花瓣是紧挨着的，画的时候从花心部位开始画。

2.一般画3层到4层花瓣就可以了。初练习时可以画得少一些。

3.用粉红色果酱给花瓣的上面上色，从花瓣的根部往外扩展，在花瓣边缘留出空白。

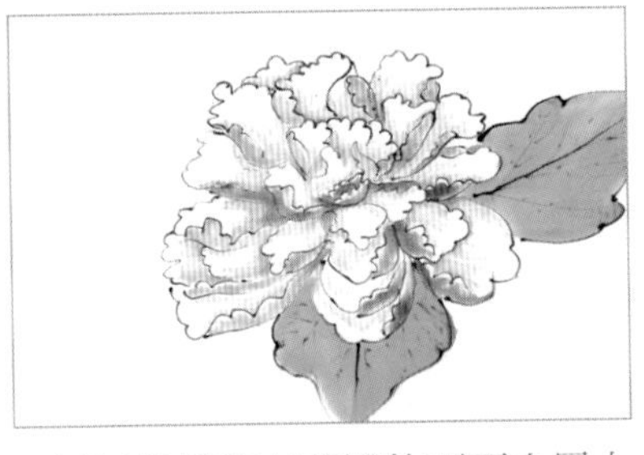

4.用红色果酱在花瓣的下面少量上色。给叶子上色使用的是绿色果膏，上色均匀后使用巧克力酱画出叶脉。

5.加上枝干，枝干上色的方法是来回涂抹。再用黄色果酱画出花蕊。

手指涂牡丹 <分步图解>

1.画出一道线后，用手指向一个方向多次地涂抹，形成有脉络的花瓣。

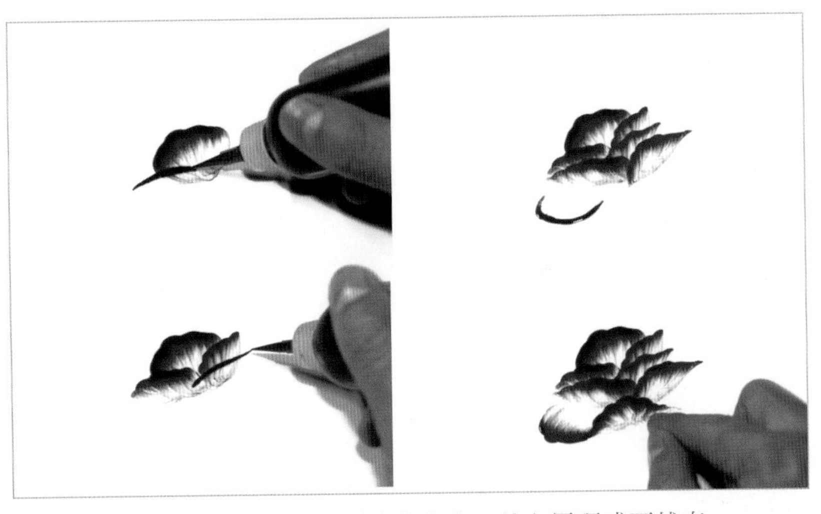

2.不断重叠花瓣；最底部的花瓣改变方向，使之呈现盛开状态。

3. 用黄色和黑色果酱画出花芯。

4. 也用手指涂抹的方法画出叶子，但不需要像花瓣那样形成脉络。

牵牛花

火红喇叭 <分步图解>

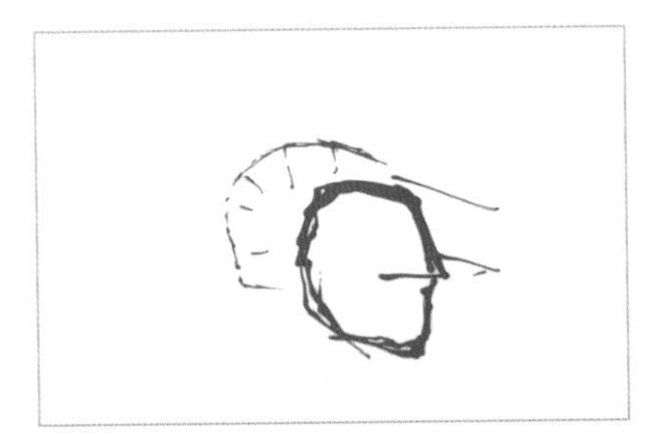

1. 使用红色果酱画出两个不规则的圆形。

2. 使用勾线笔从边角往内侧涂，每个边角涂出一个三角形。

3. 画上花枝即可。

藤蔓繁花

紫气东来

叶子用餐巾纸涂画，形成明显的条纹。

菊花

金菊 < 分步图解 >

1. 使用裱花瓶装巧克力酱画出枝干部分后，再轻轻画出叶子轮廓。

2. 给叶子上色使用的是草绿色果酱，挤出果酱的多少会自然造成叶子颜色的浓淡。

3. 画菊花时，先画出花心，再画外层花瓣，有的向上包裹，有的向下拢拉。

雏菊 < 分步图解 >

先用巧克力酱画出枝干，再画出花瓣轮廓，再用蓝绿色果酱给花瓣上色。

画叶子时，先点出色点，再用勾线笔涂抹。

金秋丽菊

其他花草

玉兰 <分步图解>

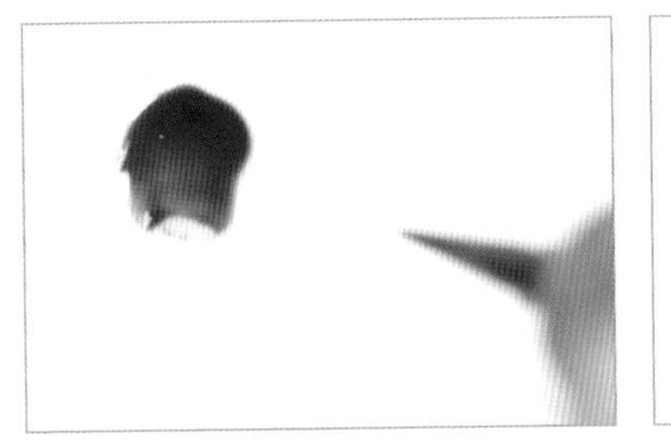

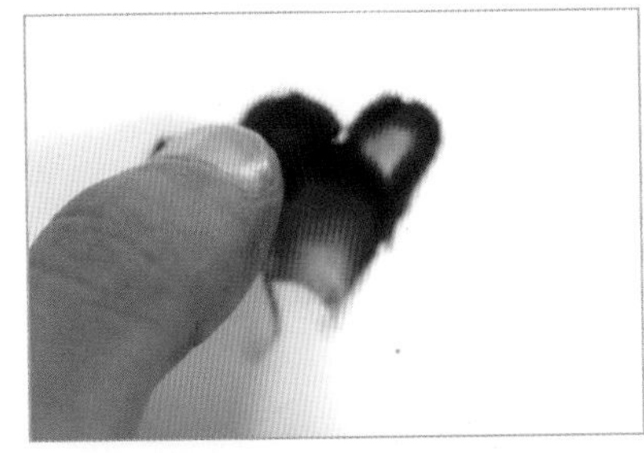
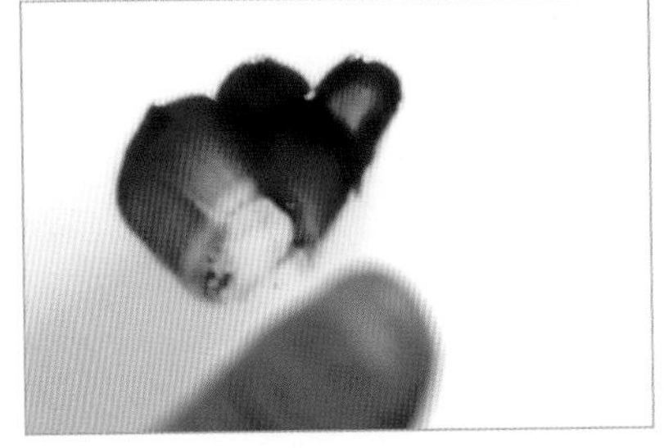

1. 点一个点后，用手指轻盈地抹开形成花瓣。注意要形成花瓣的层次。近的花瓣更亮更大，因此用手指抹得更淡，然后可以用瓶嘴在花瓣顶端加强。

2. 用潮湿的纸巾擦去多余的果酱。

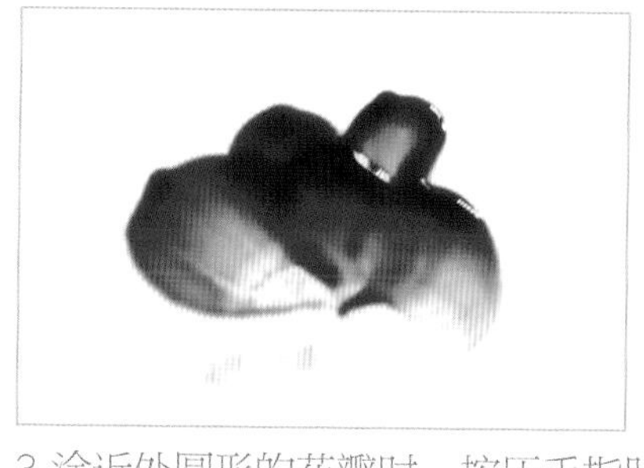
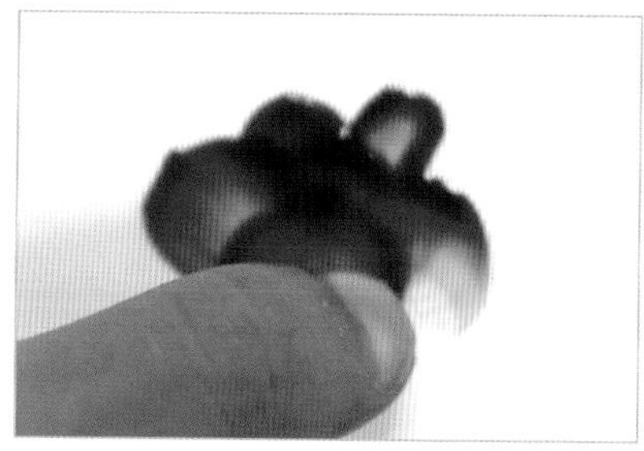
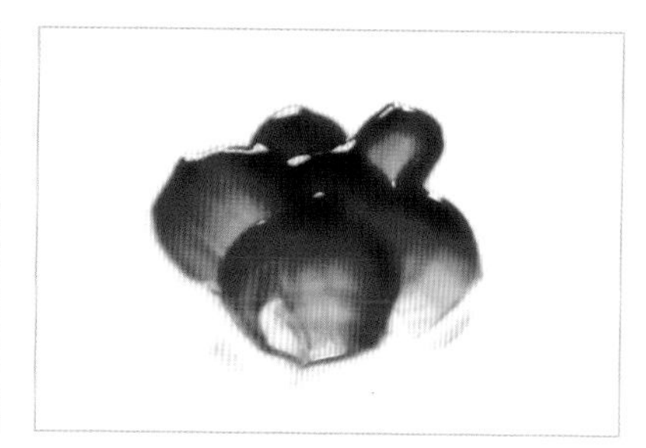

3. 涂近处圆形的花瓣时，按压手指肚轻轻旋转一下。

4. 用瓶嘴画一个展开的花瓣。

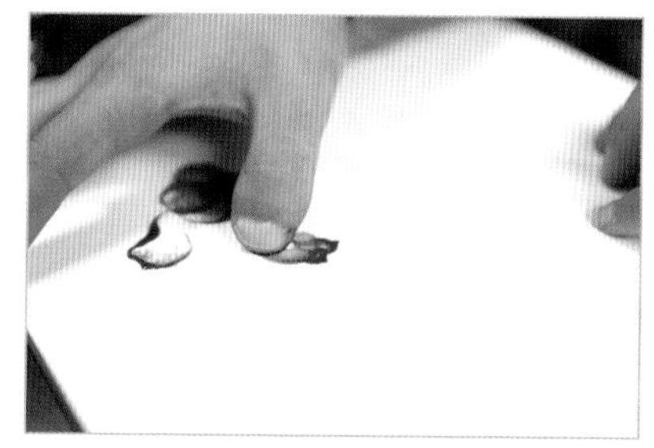

5. 画另一朵未开放的花苞。

6. 用黑色果酱画出枝干。

7. 点上红色小花蕾。

你最红 <分步图解>

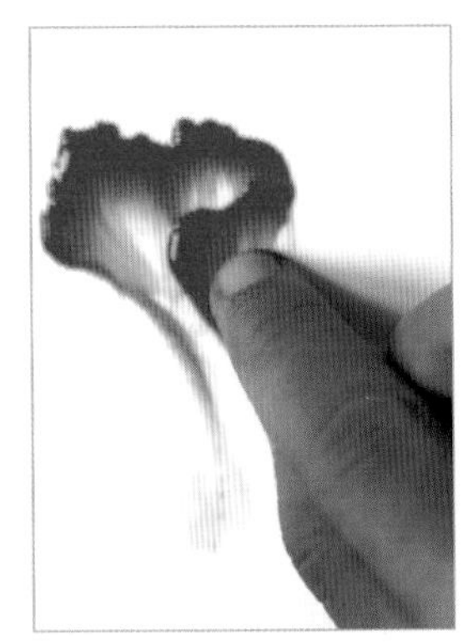

1. 用瓶嘴画出不光滑的花瓣边缘，然后用手指抹成花瓣。

2. 用手指涂抹法画出叶片，再用瓶嘴和黑色果酱画出叶脉。

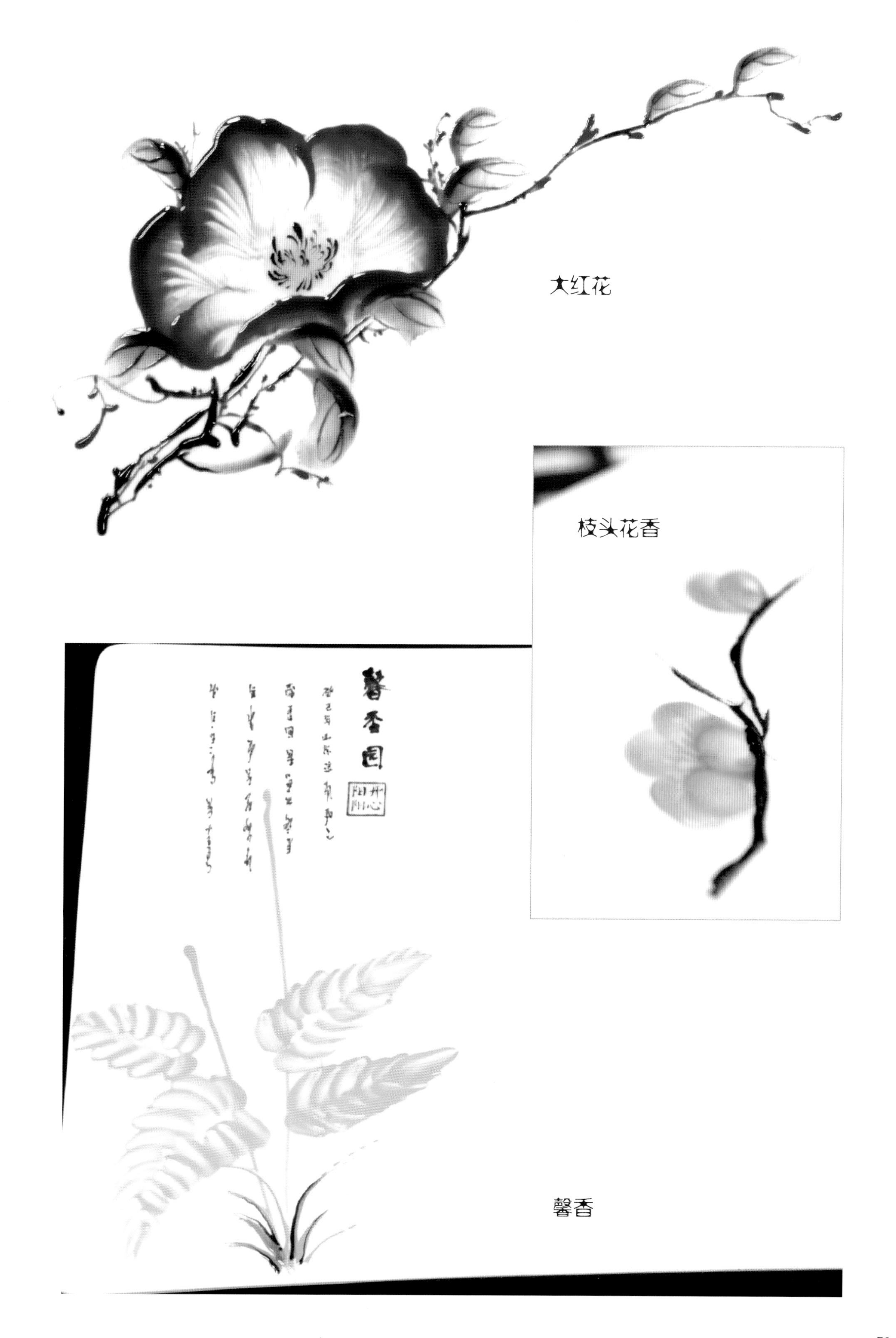

大红花

枝头花香

馨香

一串紫红花

花枝

悟

带果实的枝头

枝头秋梨 <分步图解>

1. 使用黄色果酱画出瓢形。

2. 用勾线笔掏空。

3. 在大三角形中用浅绿色果酱打底色，再用深一点的绿色果酱给局部上色。

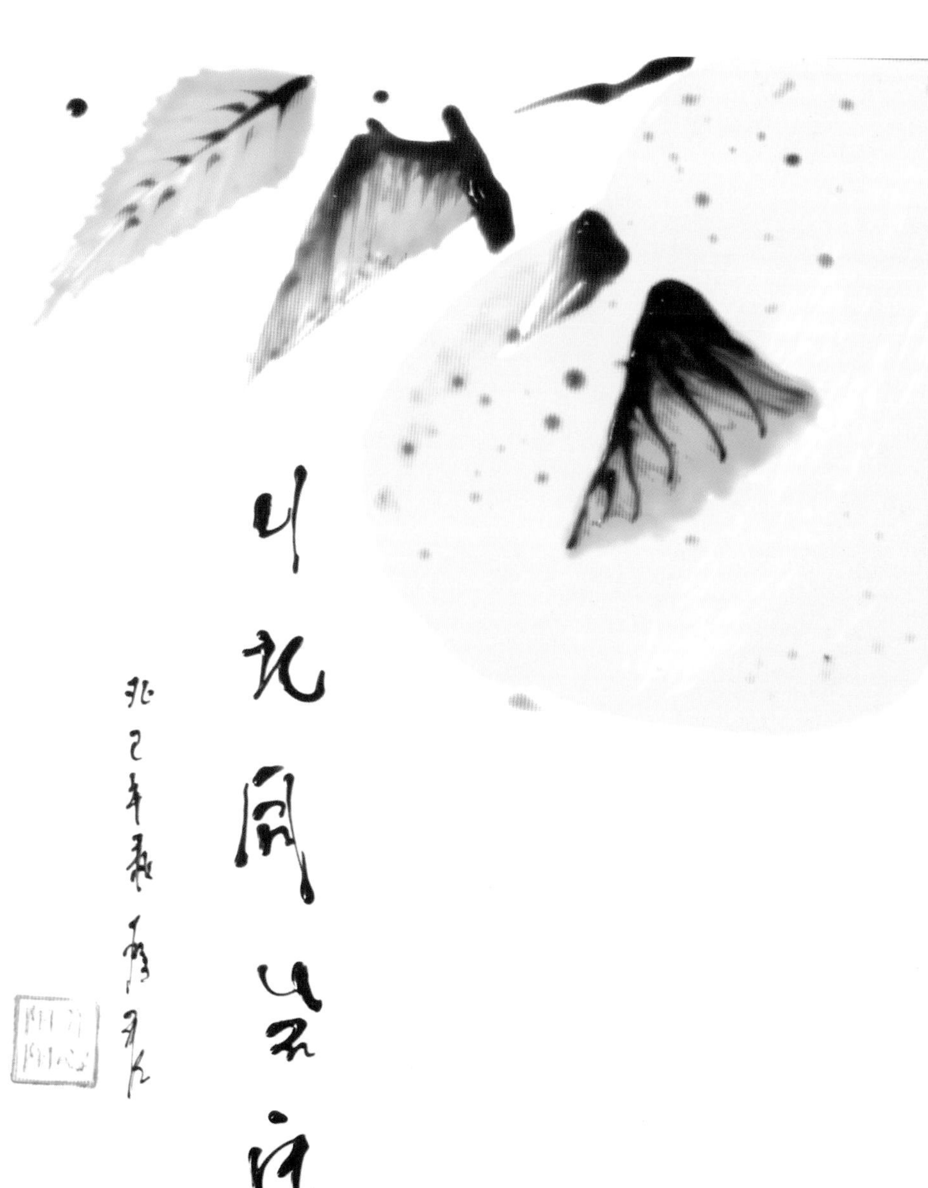

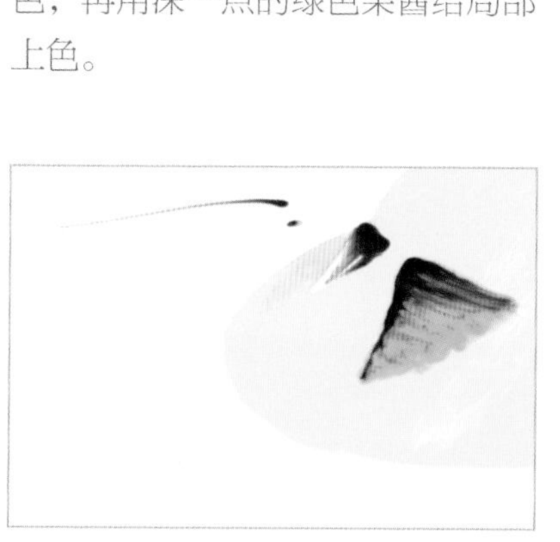

4. 用巧克力果酱在小三角形中上色，再在大三角形中给大叶子进一步上色。

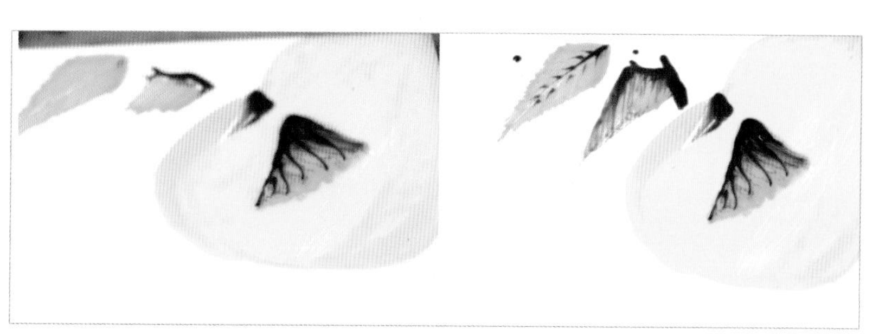

5. 在梨子外画出其他叶子，给梨点上黑点。

枝头寿桃 < 分步图解 >

1. 在盘上点粉红色果酱，然后涂开成一个圆。

2. 用橙黄色果酱在桃子头部涂染。

3. 使用勾线笔勾出桃子中部的沟痕。用黑色巧克力酱和原色的褐色巧克力酱配合画出枝干。

4. 从外往里画出叶子。

盛夏丝瓜 < 分步图解 >

1. 用绿色果酱加点黑色果酱、黄色果酱，调出有复古感觉的绿色，点两个点。

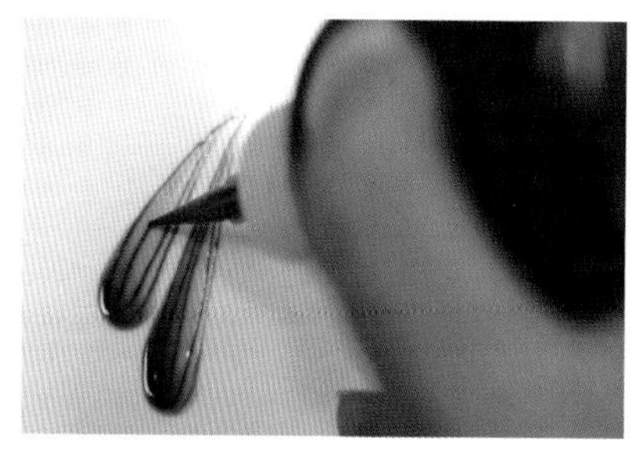

2. 用手指抹开，成为丝瓜体。而后用黑色果酱画出丝瓜体上的线条。

3. 画叶子时，用绿色果酱画一小段孤线，用手指肚碾压和抹开。

4. 形成交错的叶片。

5. 用黑色果酱画出叶脉。

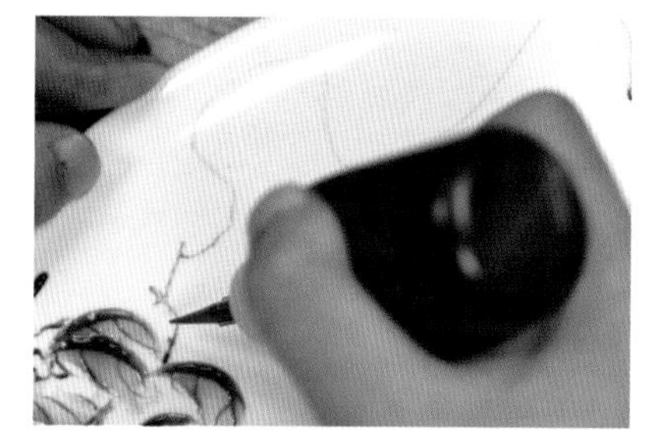

6. 画出藤条，并用黑色和黄色的果酱点上点。

缀满小果的枝头 <分步图解>

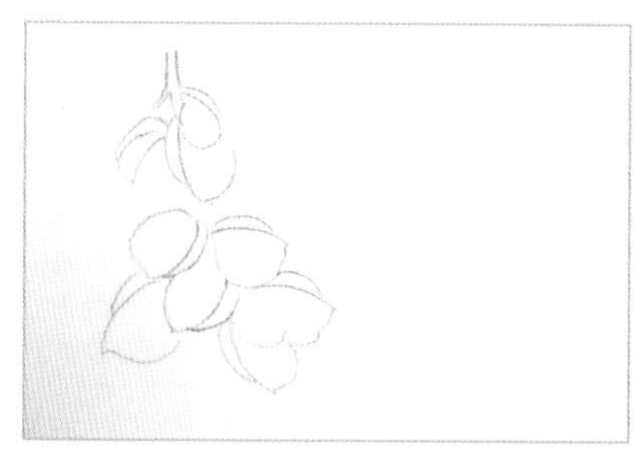

1. 画出树叶的轮廓。

2. 先局部涂上黄色果酱。

3. 在黄色果酱里涂绿色果酱，不要急于求成，应形成自然的颜色层次。

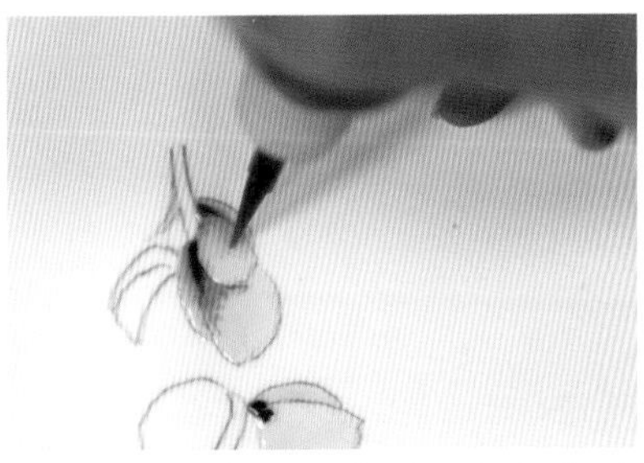

4. 再用深绿色果酱在叶子根部和叶脉位置加深颜色。

5. 用深绿色果酱画出叶脉。其他叶子也是用黄色、绿色、深绿色三种果酱涂染，注意阴影关系。

6. 用深红色果酱点出小果实，再修饰得饱满；用黑色果酱描绘轮廓，以及点出半透明果实里的小籽；用白色果酱点出表皮的高光点。

7. 画出延伸的枝干，点缀一只鸟儿。

荔枝
枸杞
菩提果

秋趣

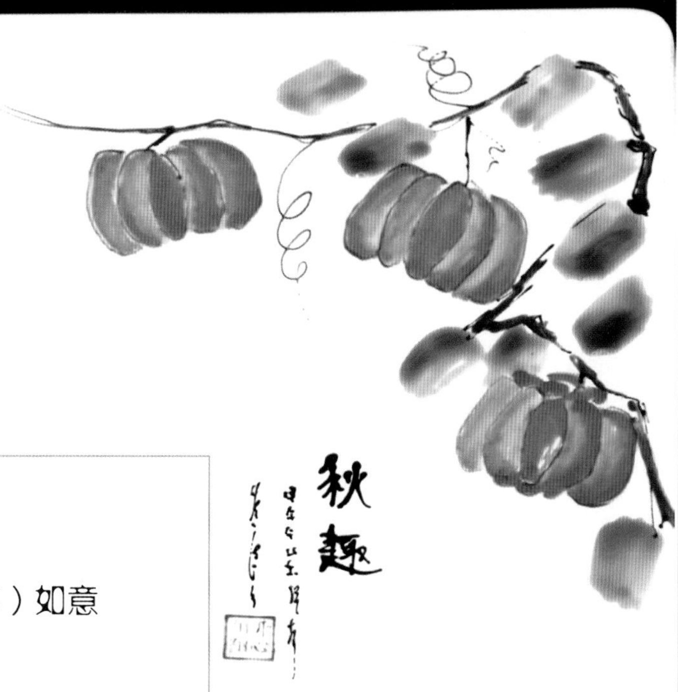

万柿（事）如意

秋夕

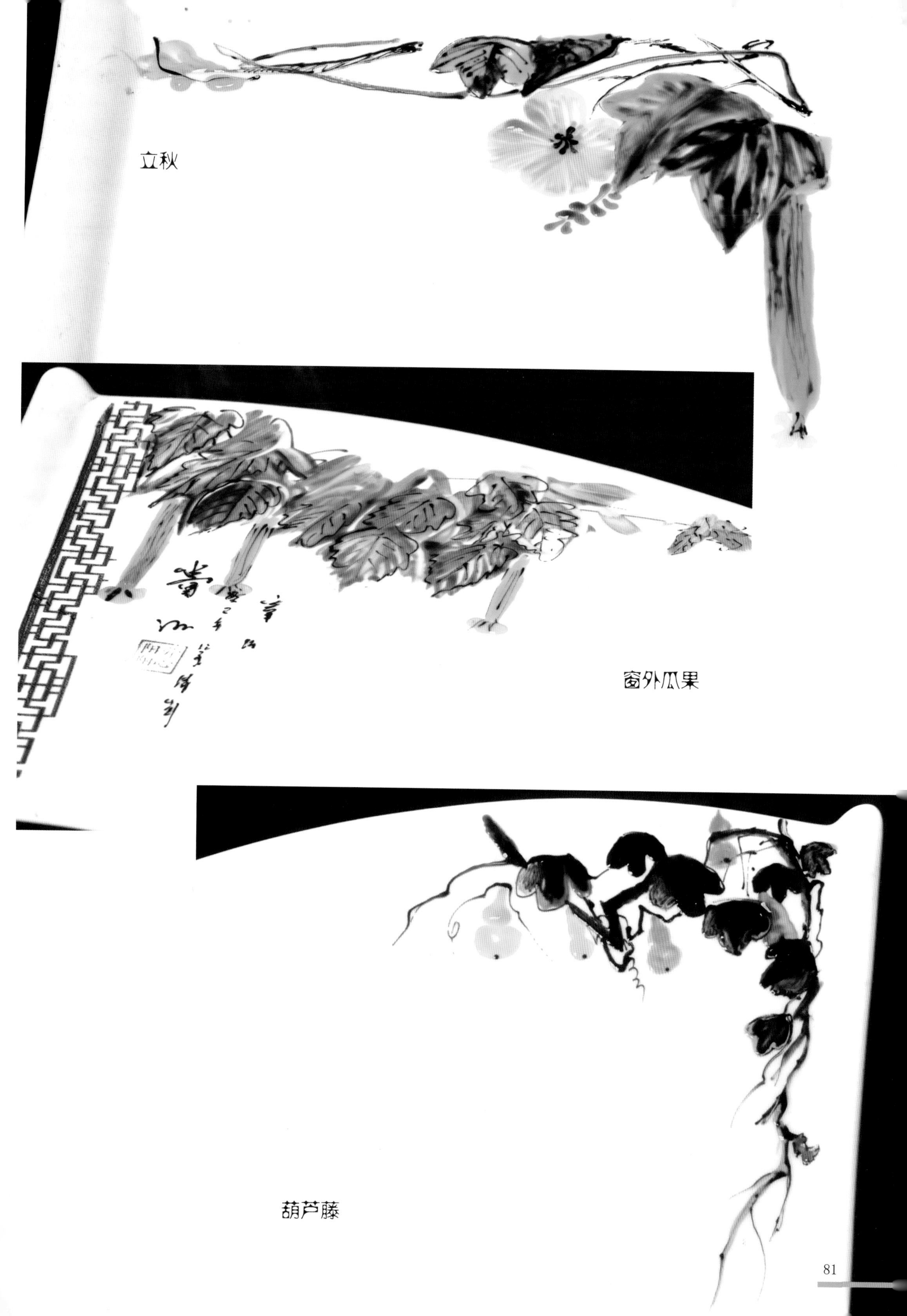

立秋

窗外瓜果

葫芦藤

摘下的蔬果

盘中果 < 分步图解 >

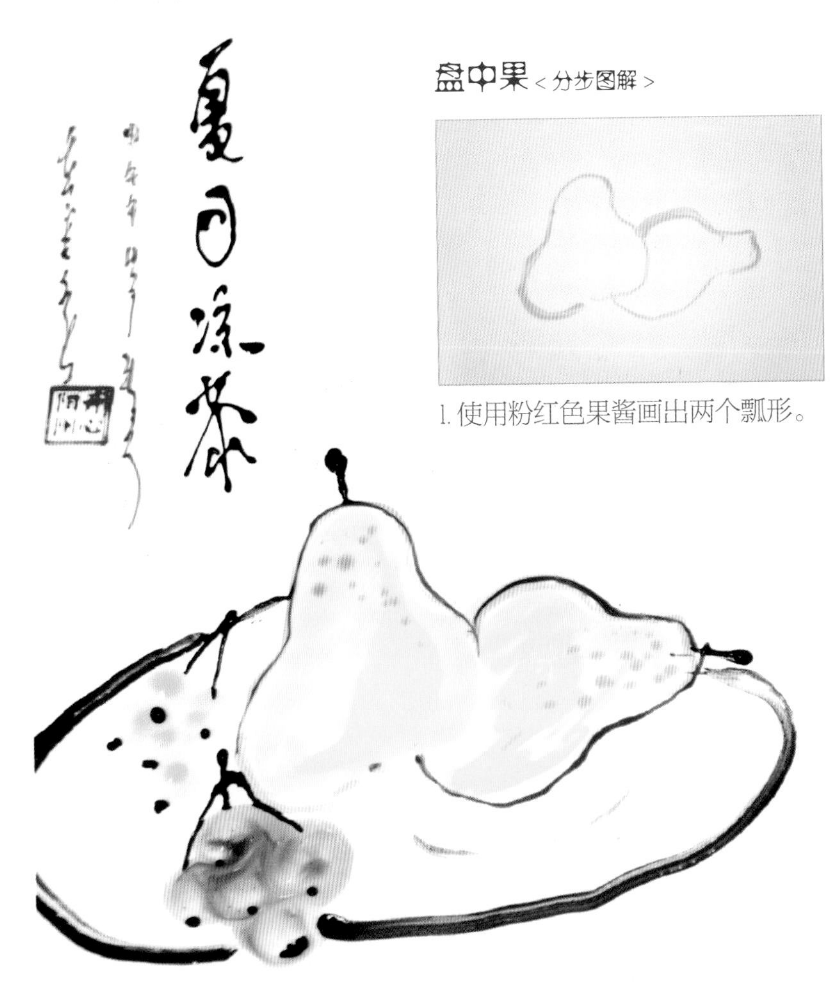

1. 使用粉红色果酱画出两个瓢形。

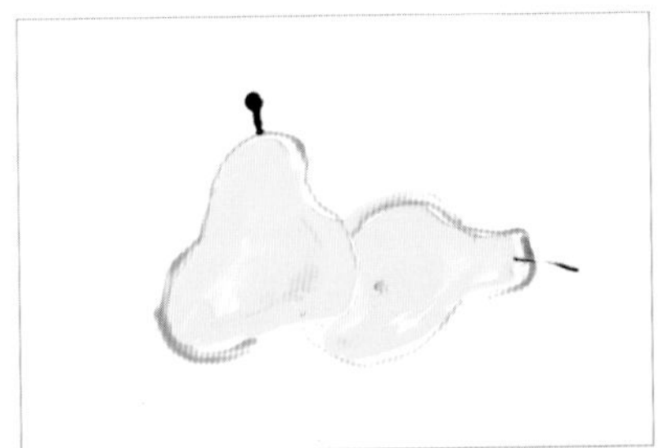

2. 涂上黄色果酱，上色时注意让右侧较浓，左侧略显浅淡。

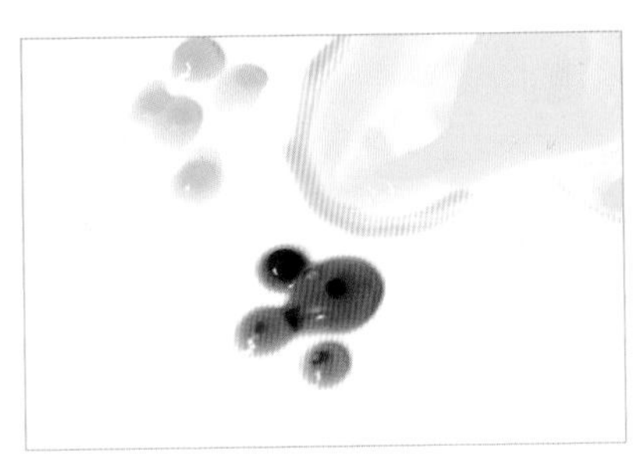

3. 画紫色葡萄时，先点一个红点，再在里面点一个蓝色的小点，然后用手指涂抹，出来的颜色就是紫色。

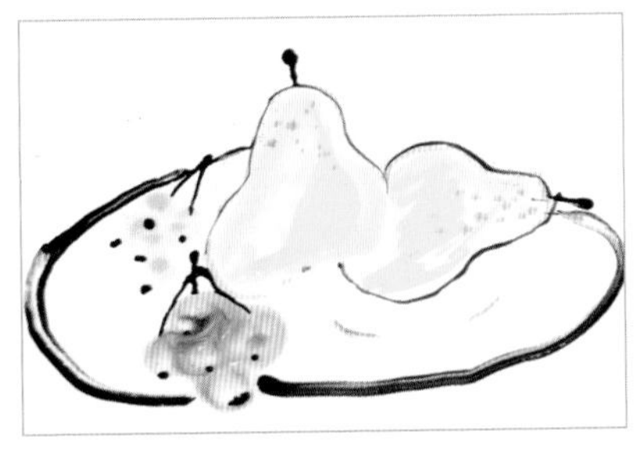

4. 使用巧克力酱画出枝干、果盘等。

赏月

樱桃

清淡

平常菜

人间四月美

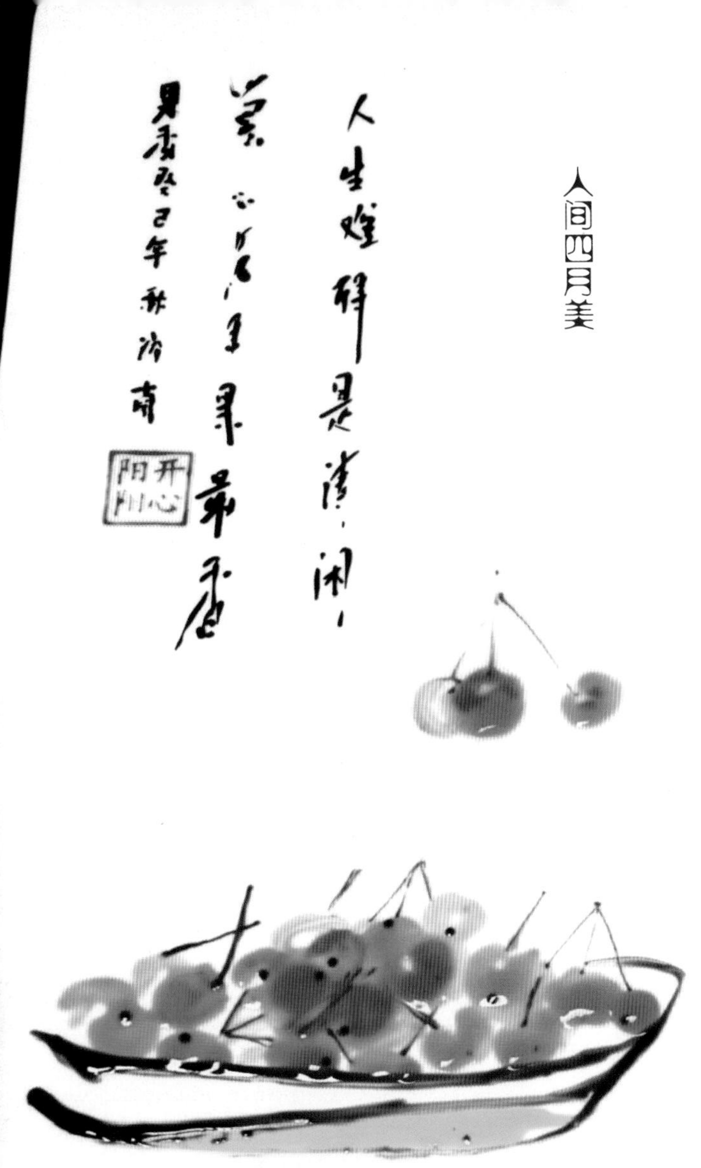

清甜

自在

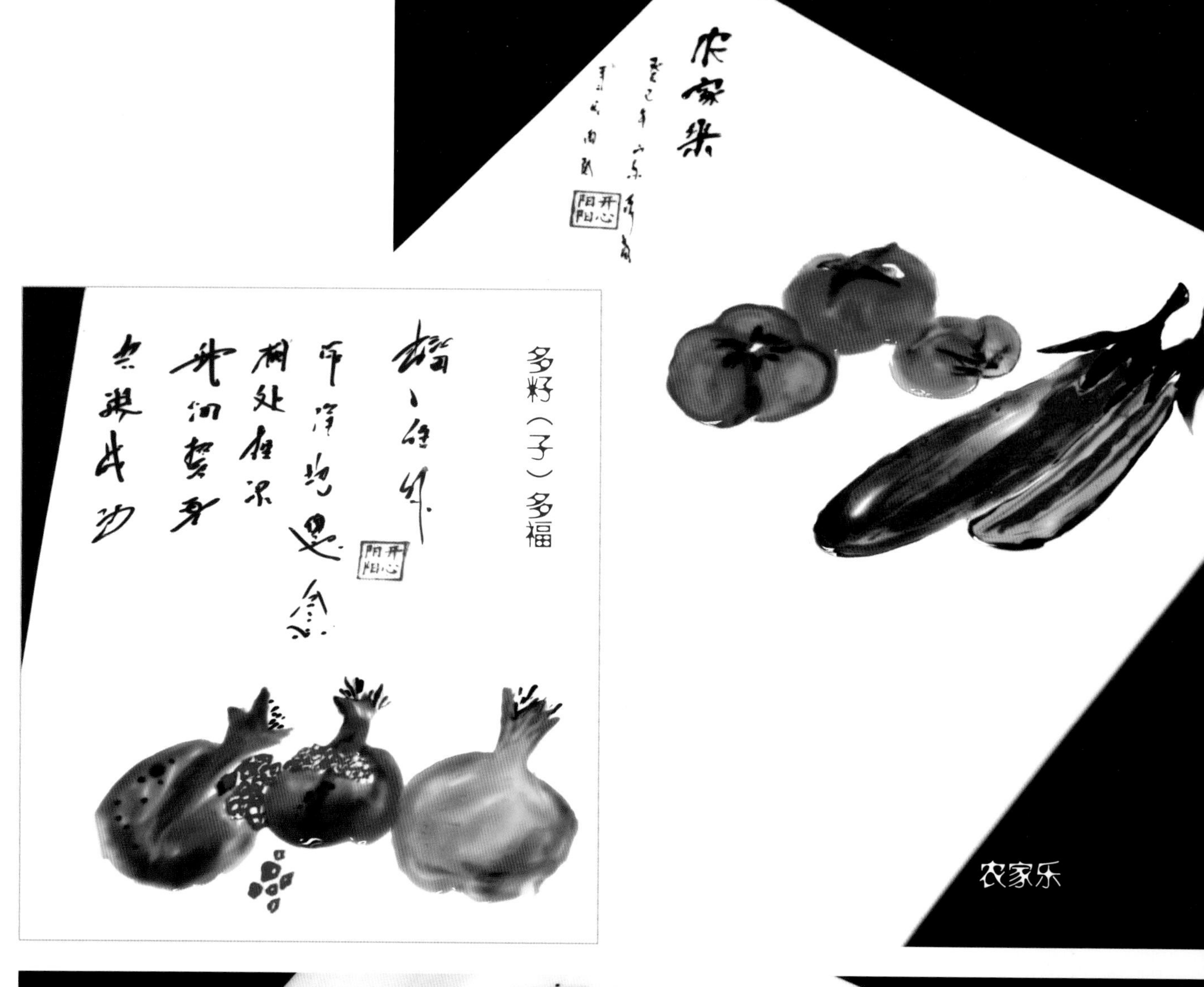

多籽（子）多福

农家乐

芋香

各种树与花

蓝莓树枝 < 分步图解 >

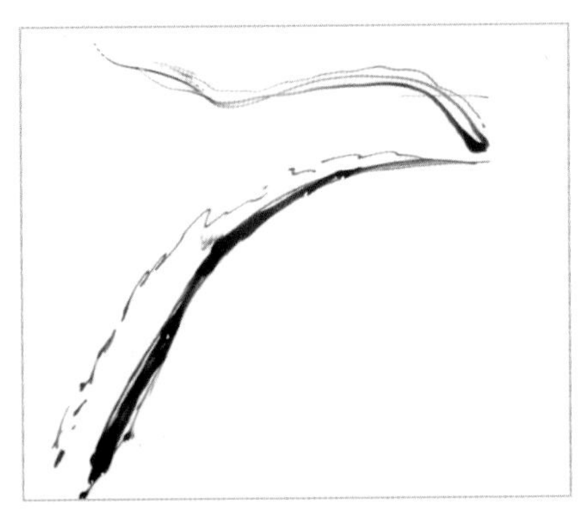

1. 流线型的主干给人缥缈舒服的感觉。

2. 使用巧克力酱描绘出枝干后，继续点上细枝小点。再使用浅蓝色果膏点上花点。

3. 浅蓝色果膏点点完成后，分别使用绿色果膏、黄色果膏修饰局部边角。最后用指肚点开一些花瓣。

绿叶萌发 < 分步图解 >

画枝干时先使用黑色巧克力拉线膏绘画轮廓，然后用水墨色果酱填充树干内部。

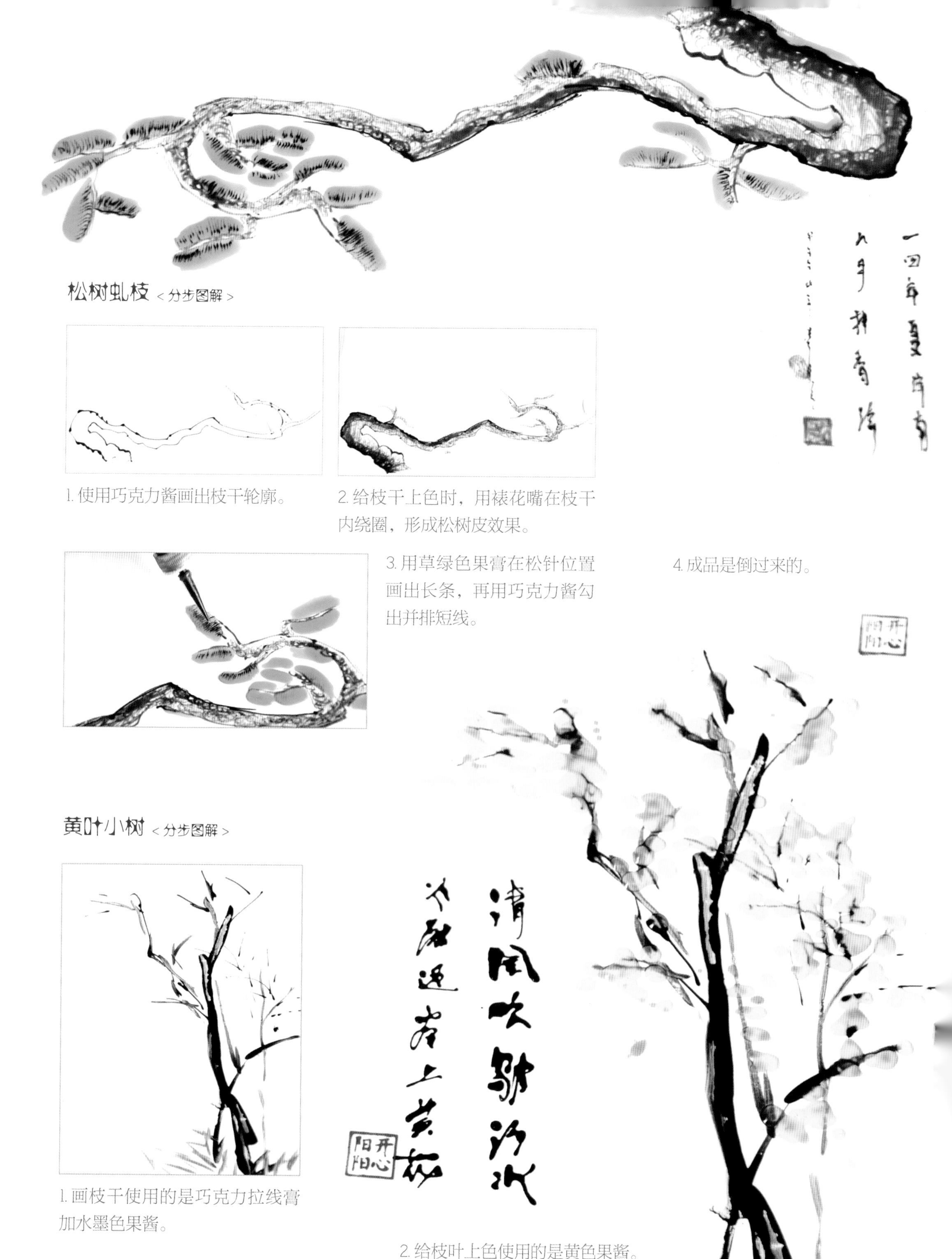

松树虬枝 <分步图解>

1. 使用巧克力酱画出枝干轮廓。

2. 给枝干上色时，用裱花嘴在枝干内绕圈，形成松树皮效果。

3. 用草绿色果膏在松针位置画出长条，再用巧克力酱勾出并排短线。

4. 成品是倒过来的。

黄叶小树 <分步图解>

1. 画枝干使用的是巧克力拉线膏加水墨色果酱。

2. 给枝叶上色使用的是黄色果酱。

村前小树

小清新

海棠

冬日恋歌

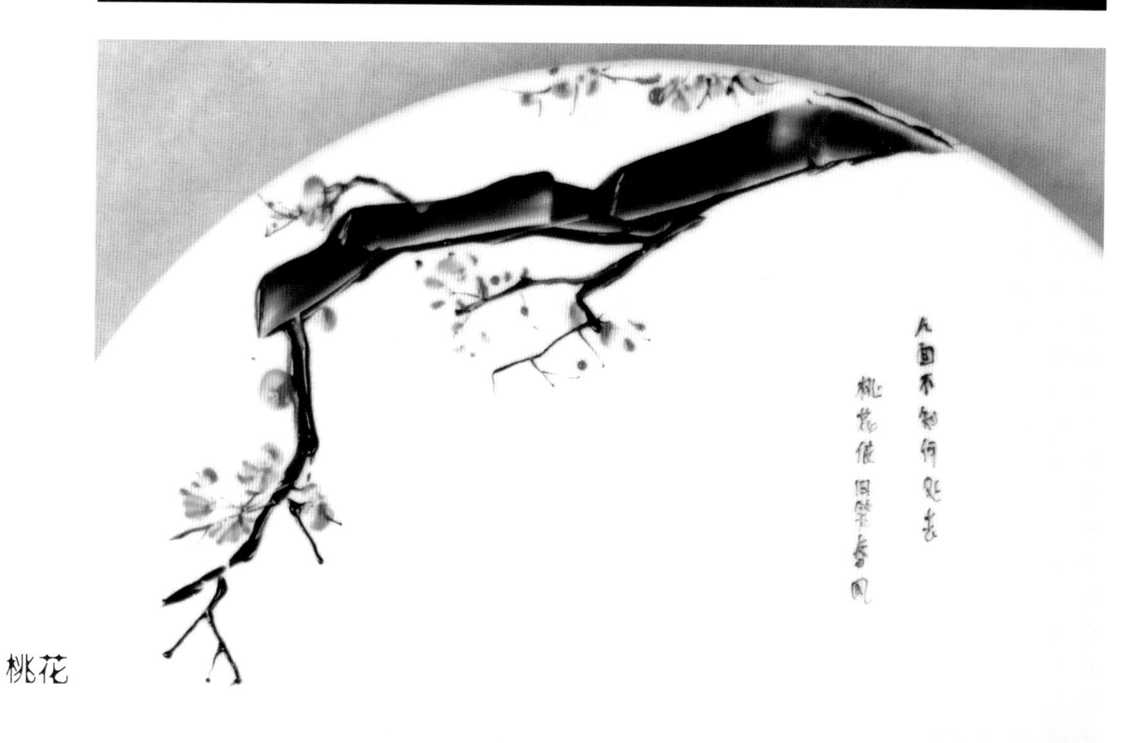

桃花

野果

吉祥树

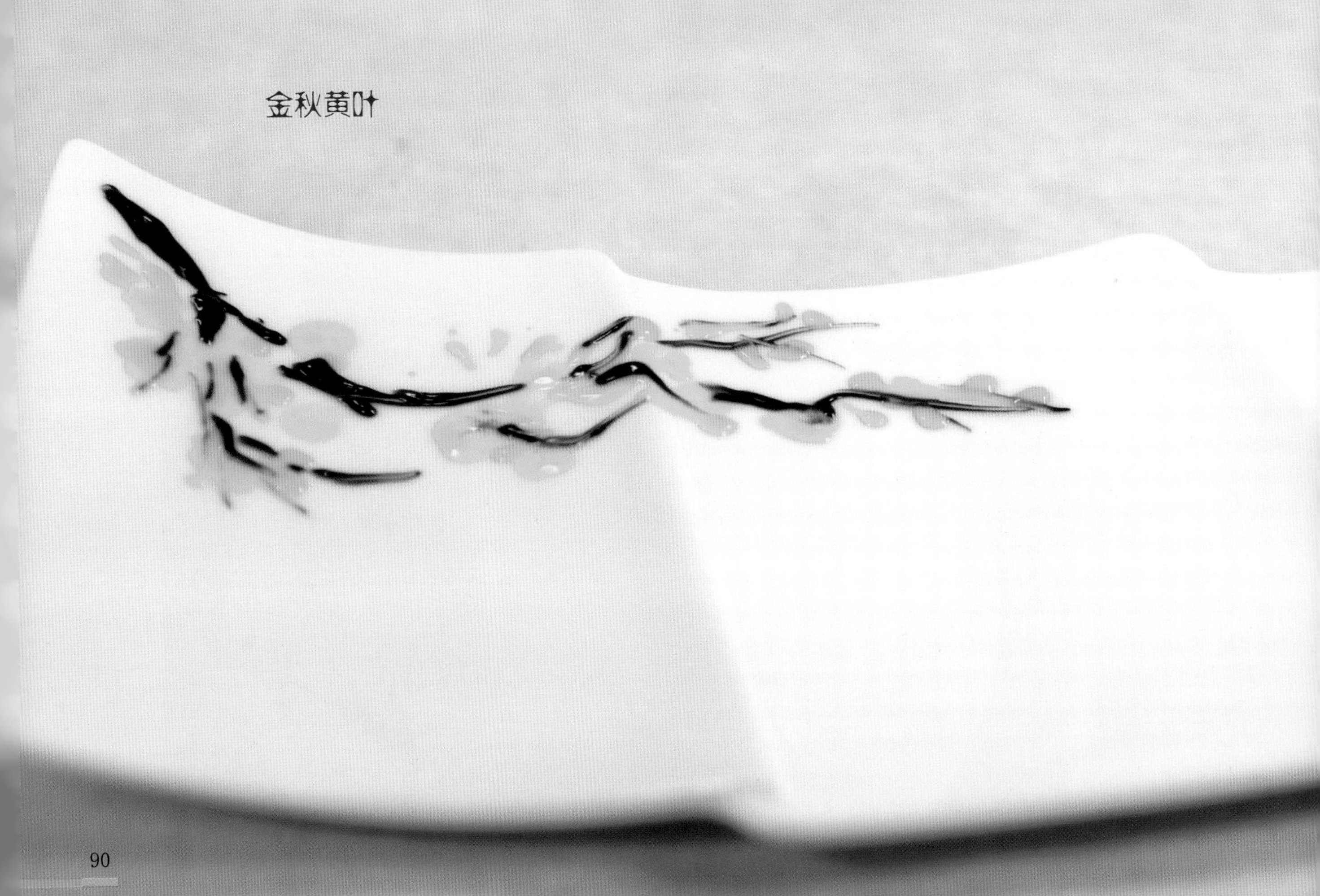
金秋黄叶

飞虫与花草

蜜蜂与一串花 < 分步图解 >

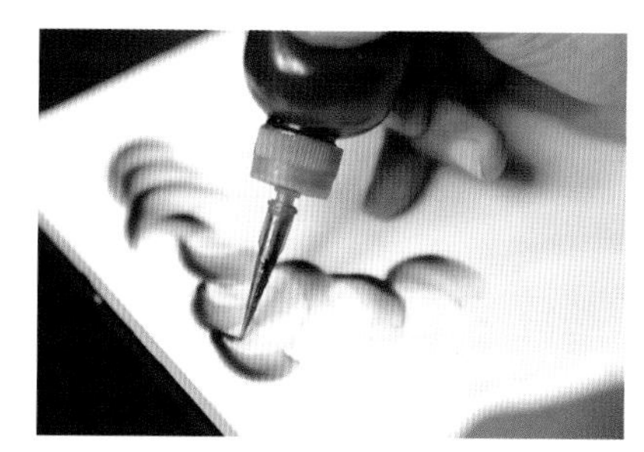

1.用绿色果酱画一条弧线，用手抹成一片绿叶，如此不断重叠。最后用黑色果酱轻盈下笔描绘叶脉。

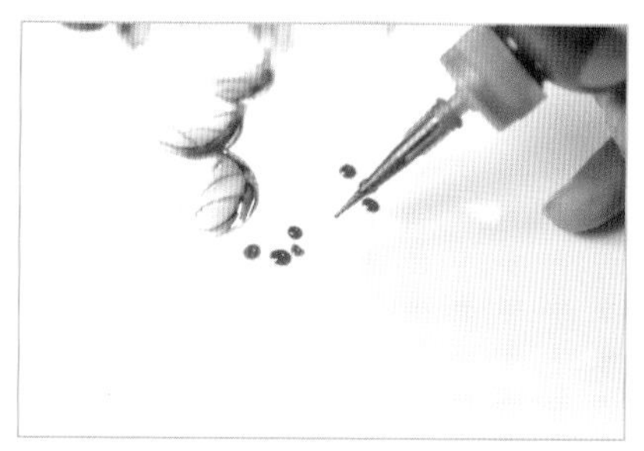

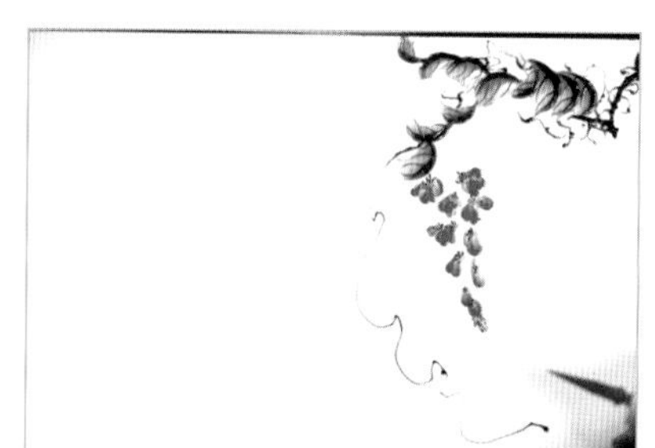

2.用红色果酱点小点后，也用手抹，形成小花瓣；再用瓶嘴和黄色、黑色果酱画出花芯、藤蔓等细节。

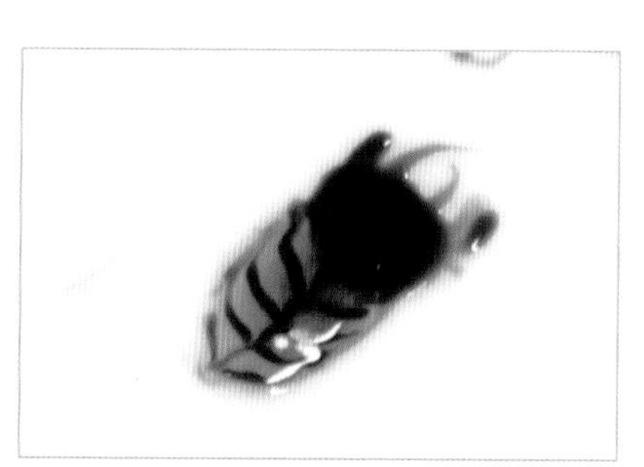
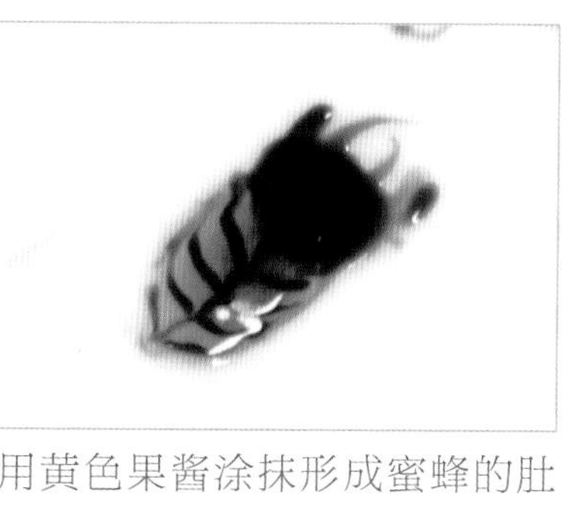

3.用黄色果酱涂抹形成蜜蜂的肚子，用黑色果酱细细描绘出肚子的纹路，以及头部的细节。

4.蜜蜂的翅膀是飞舞中的样子，用淡色果酱涂染即可。

蝴蝶与花树 <分步图解>

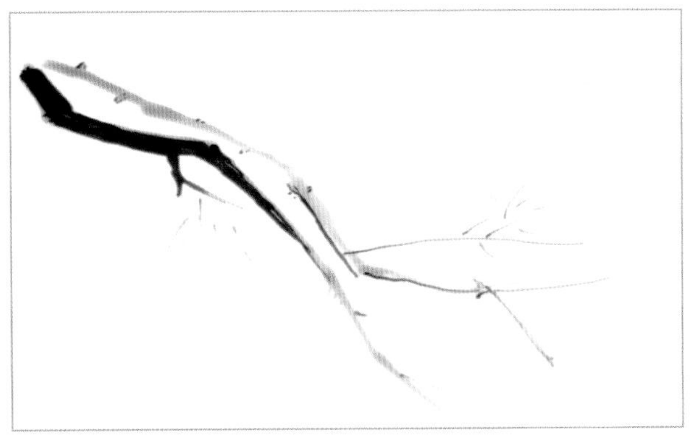

1. 枝干使用的是巧克力酱，阴影效果使用的是水墨色果酱。

2. 叶子用较深的草绿色果酱和较浅的果绿色果酱画成。

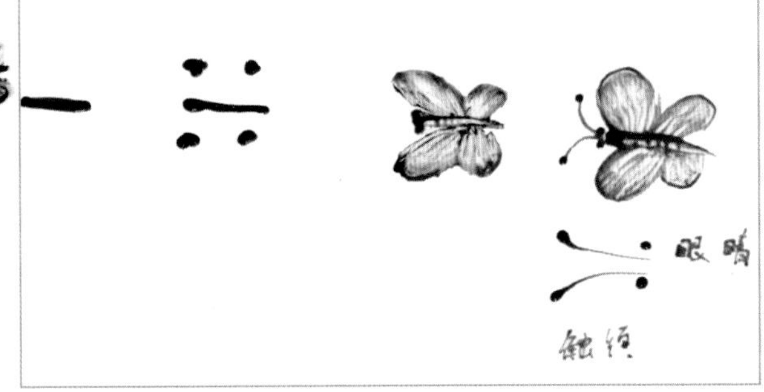

3. 蝴蝶的画法如上。画翅膀时，将手指放在点好的点上，往蝴蝶身体中心方向抹。

蝴蝶与鸡冠花

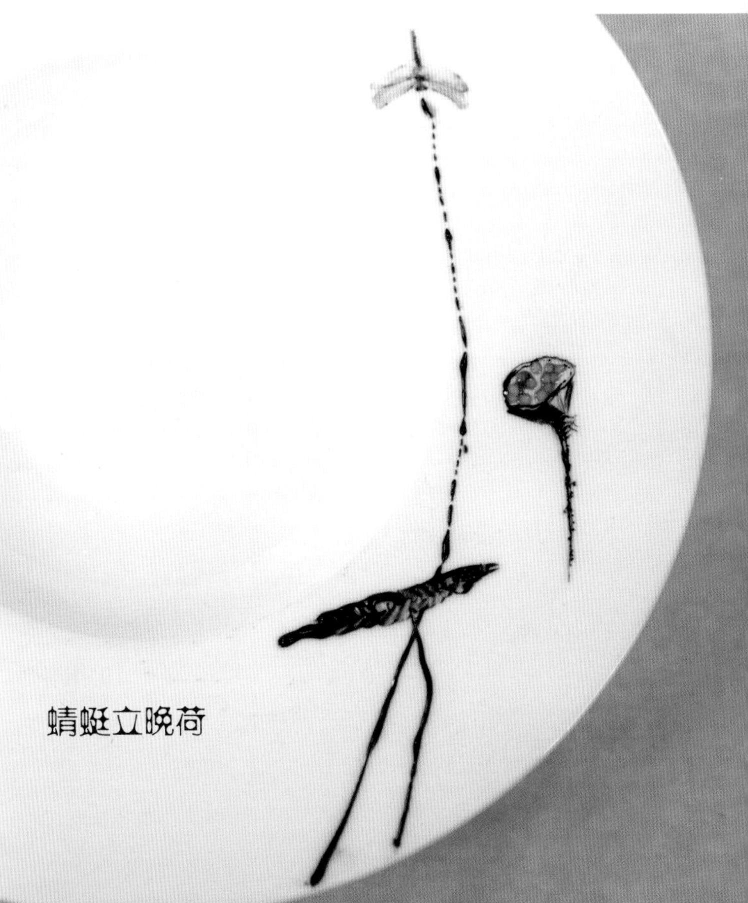

蜻蜓立晚荷

鸟与花树

翠鸟与荷花一 <分步图解>

1. 使用手指涂抹法画出翠鸟的身形。

2. 用橙黄色果酱画出嘴巴。用黑色巧克力酱画翎羽。

3. 用手指涂抹法画荷花和荷叶。

4. 用水墨色果酱描茎上小点、叶脉等细节。

翠鸟与荷花二 < 分步图解 >

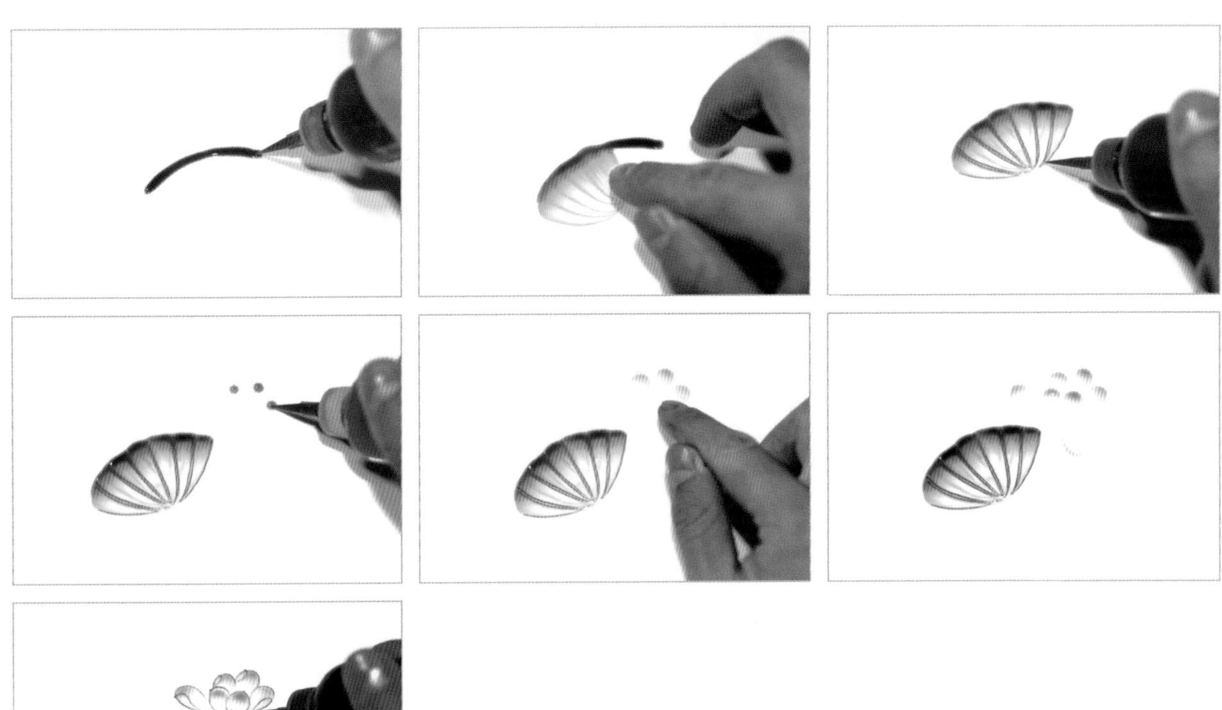

1. 用指抹法画出荷叶和荷花的大体，再修绘细节（叶脉是双实线）。

2. 用指抹法画出翠鸟的大体。

3. 用黑色果酱画出翠鸟的嘴巴和眼睛，用黄色果酱画眼睛外圈。

4. 用黑色果酱画出翠鸟翅膀与身体的轮廓。

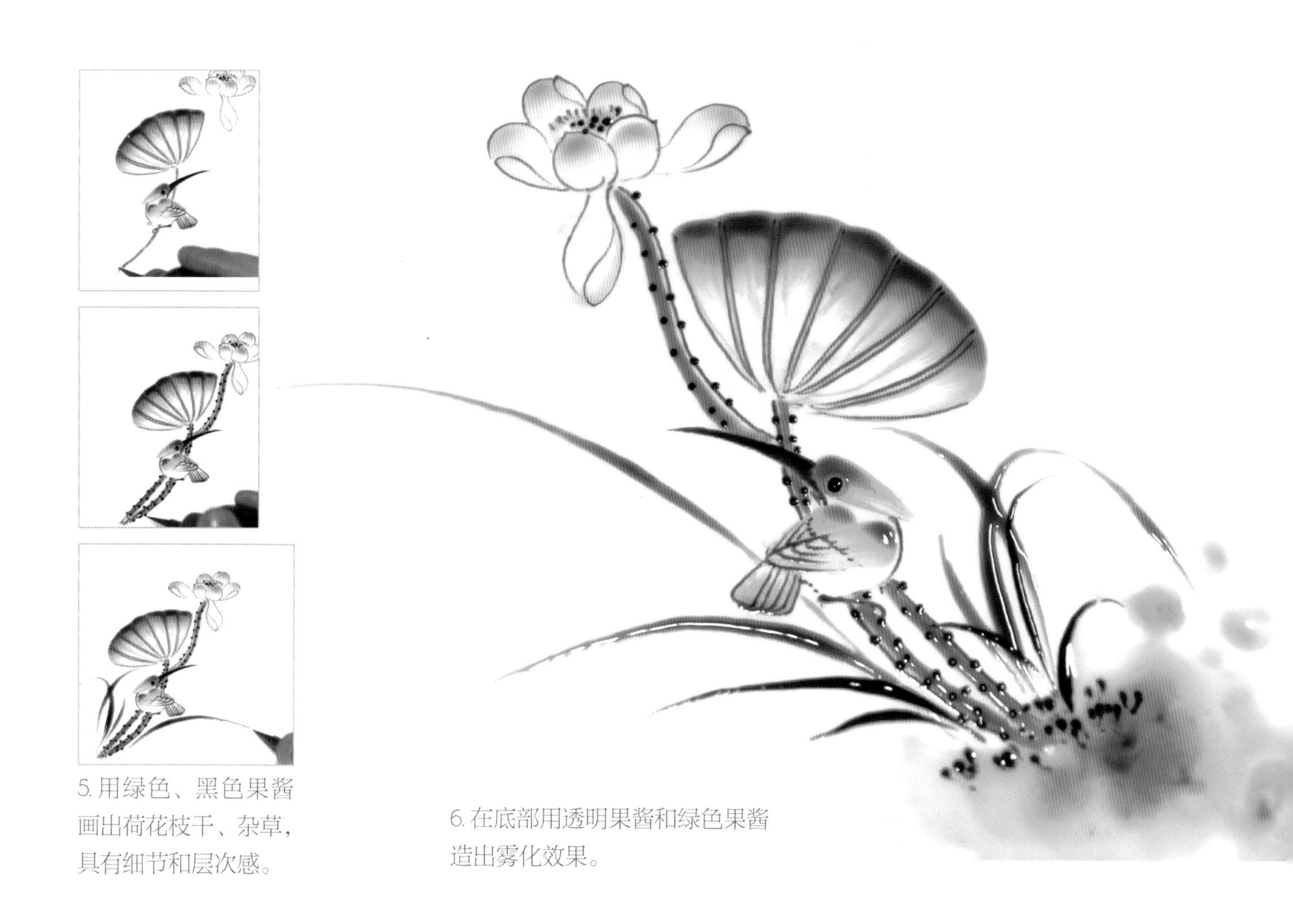

5. 用绿色、黑色果酱画出荷花枝干、杂草，具有细节和层次感。

6. 在底部用透明果酱和绿色果酱造出雾化效果。

桃花枝头双飞燕 <分步图解>

1. 画燕子时，先画出一个三角形作头部，再画出羽翼，用橙黄色果酱和浅蓝色果酱给下颚和腹部着色。

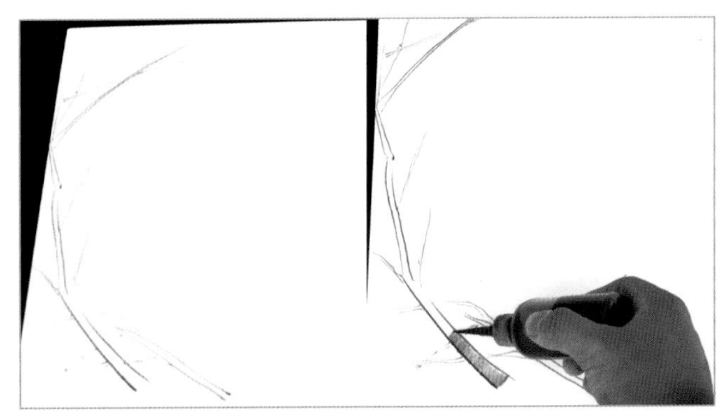

2. 画枝干时，先画出轮廓，再来回涂抹上色。

3. 树叶用勾线笔勾出；花朵用手指涂抹形成，中间用黄色果酱画上花蕊。

4. 在整体上，这是一对盘子，寓意成双成对，适宜婚宴。

柳下飞燕 <分步图解>

1. 使用水墨色果酱画出燕子的身形。

2. 使用巧克力酱在水墨色果酱的基础上进一步涂色。

红梅紫鸟 <分步图解>

1. 用紫色果酱挤出点后，用手指抹开。

2. 在手抹线尾部重复着色，画出翅膀的后半部分。

3. 画出嘴和腹部的线条，嘴的颜色比腹部深，所以这里用了两种果酱。

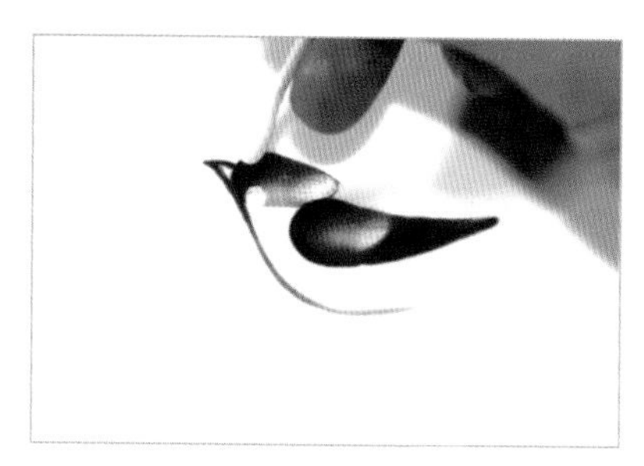

4. 在眼睛位置用棉签轻抹出一个圆形空。

5. 注入黄色果酱，点上黑眼珠。翅膀用白色果酱画出羽毛线条。

6. 用紫色果酱画出鸟的尾部。

7. 在鸟的腹部用灰色果酱轻盈上色造成立体效果。

8. 用画腹部线条的果酱画出鸟爪。

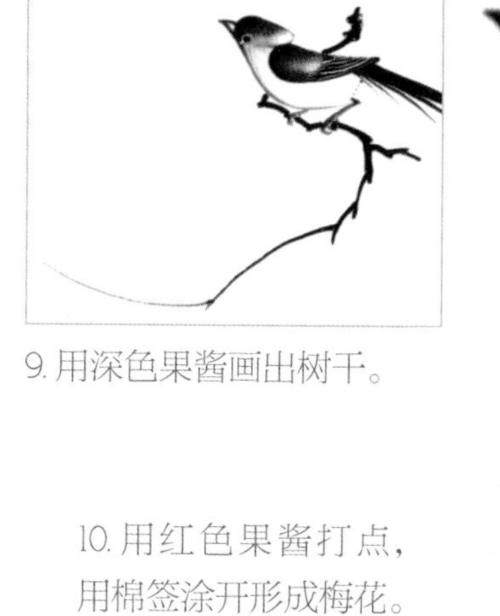

9. 用深色果酱画出树干。

10. 用红色果酱打点，用棉签涂开形成梅花。

蓝鸟 < 分步图解 >

本例的做法和上一例相似。在鸟爪、树干上用到的黑色果酱也有两种深浅色调，但两种色调的用法和上一例不同。

葡萄藤与鸟 <分步图解>

1. 用墨色果膏画出枝干，点上点。

2. 使用手指抹出叶片。

3. 画小鸟时，先用橙黄色、蓝色果酱画出大体，再用巧克力酱勾出羽翼。

4. 画葡萄时，用蓝色果酱先点上点，再用手指按开，最后在内部修饰黄色点。

玉兰枝头停朱雀 <分步图解>

1. 使用巧克力酱画出轮廓。

2. 分别用黄色和红色的果酱给花和鸟打底色。

3. 花心颜色加重，增加了画面的深度感。鸟的尾翼使用的是巧克力酱。

4. 用果绿色果酱画出花萼。

水墨鸟鹤 < 分步图解 >

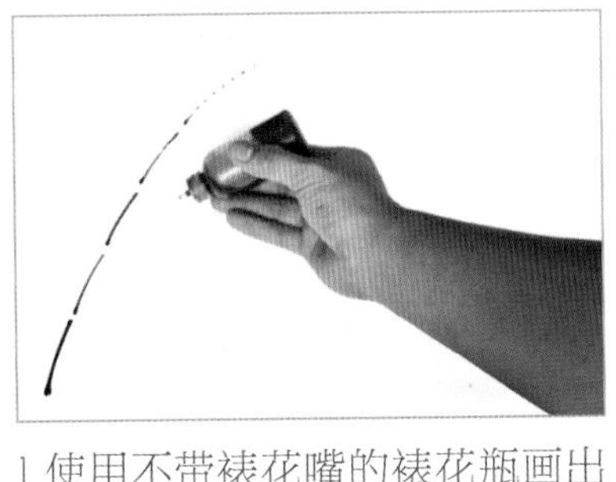

1. 使用不带裱花嘴的裱花瓶画出断续的枝干。

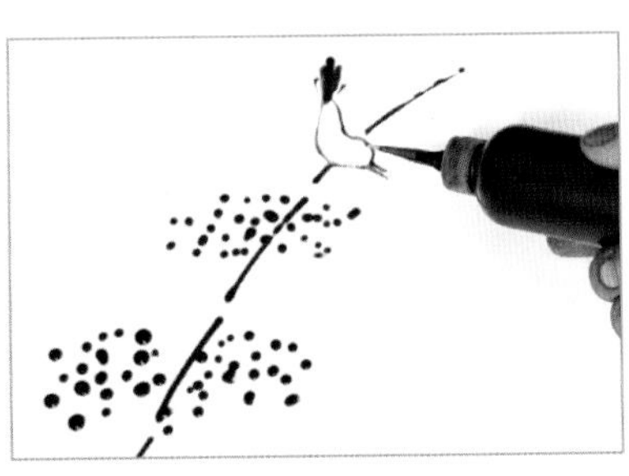

2. 装上裱花嘴后继续描绘。

3. 在“地上”点上点后，用排笔或者餐巾纸抹开。

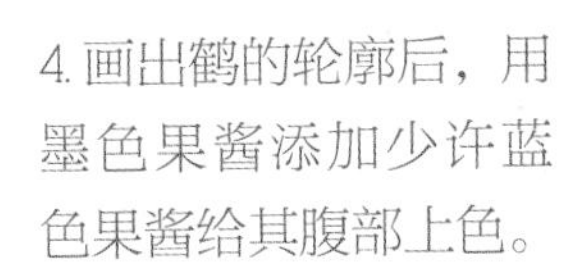

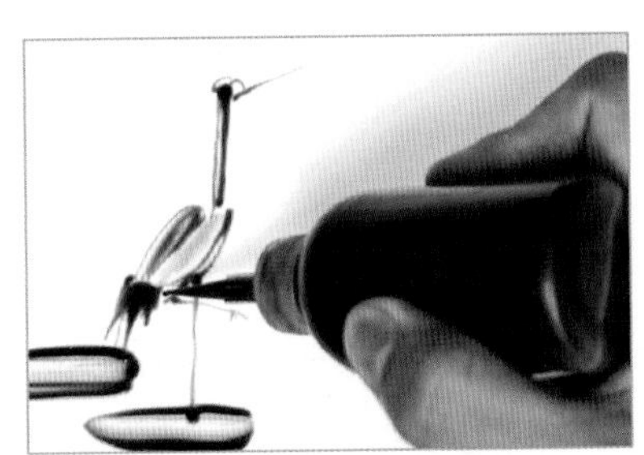

4. 画出鹤的轮廓后，用墨色果酱添加少许蓝色果酱给其腹部上色。

金秋佳果

巧然

鸟语花香

守望

与花畅聊

梅鹊

荷塘月色

春游

锦鸡

石竹间

野鹤

猛禽

鲲鹏 <分步图解>

1.先画出轮廓，在羽毛部位可以使用虚线。在轮廓中填画点或线。

2.用勾线笔将点、线抹开成羽毛。

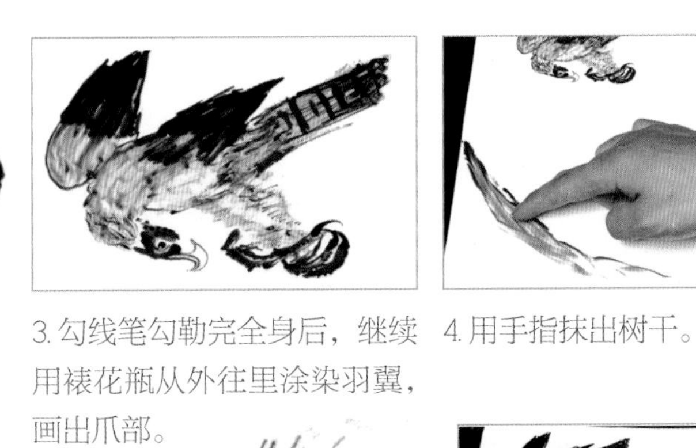

3.勾线笔勾勒完全身后，继续用裱花瓶从外往里涂染羽翼，画出爪部。

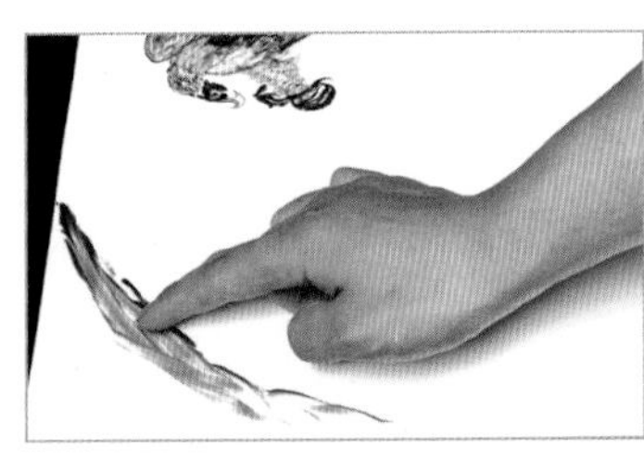

4.用手指抹出树干。

5.用裱花袋描绘出松树枝叶。

雏鹰 < 分步图解 >

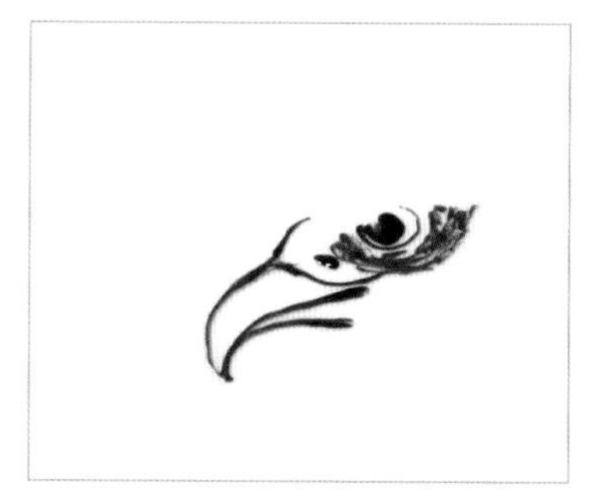

1.使用巧克力拉线膏画出眼睛、嘴巴。

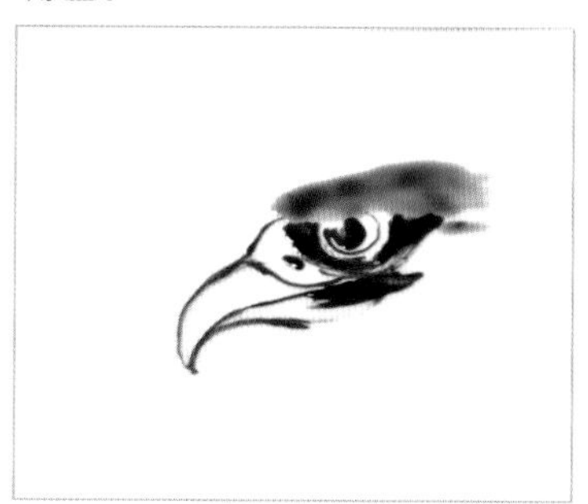

2.使用墨色果酱描出头部羽毛。

3.用墨色果酱涂满全身后，用勾线笔竹叶画法涂开成羽毛。

4.使用巧克力酱修饰长羽。

吟天风

5.树干画好轮廓后内部用黄色果酱混合巧克力酱涂匀。

螃蟹

手指裱花瓶画小蟹 <分步图解>

1.通过裱花瓶用巧克力酱画出弧形折线。

2.用手指肚沿 M 形路线涂抹。

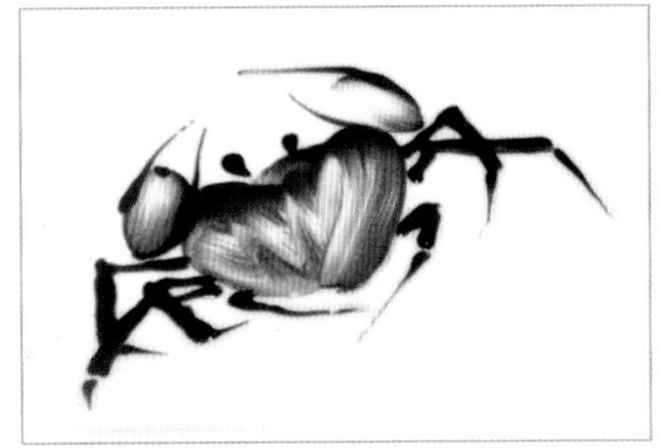

3.继续用裱花瓶画出蟹子的足，蟹螯须用手涂抹。

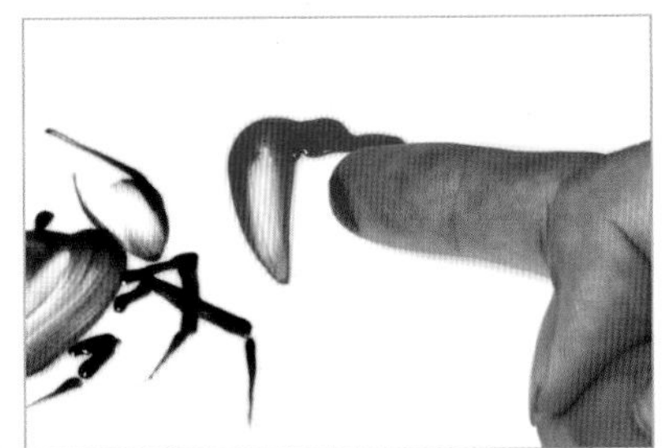

4.可以搭配别的颜色画。

手指裱花瓶画肥螃 <分步图解>

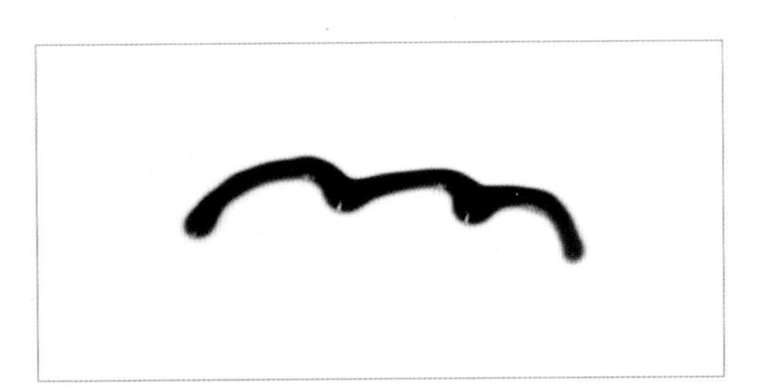

1.使用巧克力酱画出弧形线条。

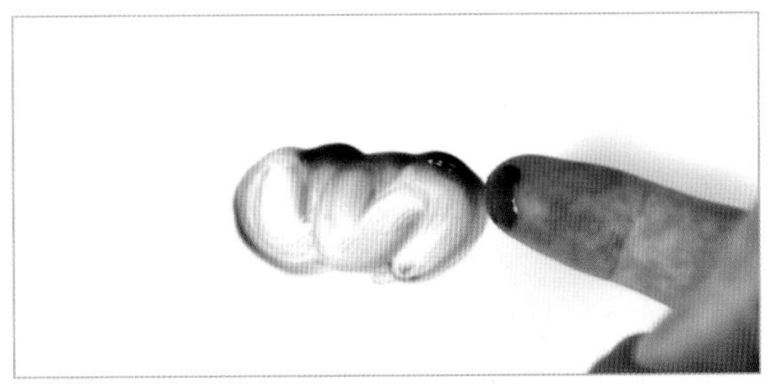

2.本画法和上一例画法相似，不同的是，画蟹壳时按“CC9”形路线涂抹。

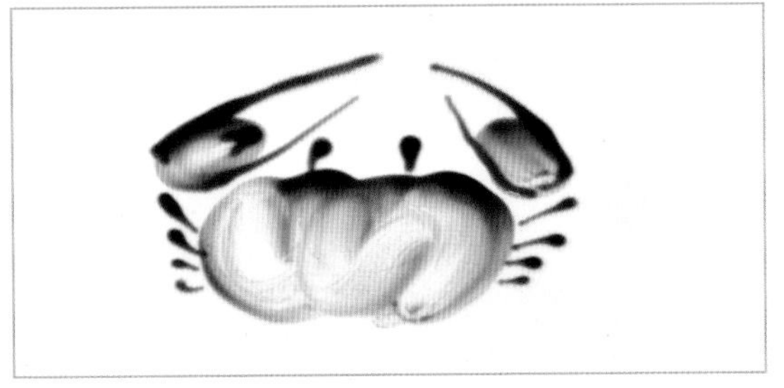

3.蟹子的足应画得略显细一些，衬托出蟹身的肥美。

4.最后画外足节时，带一些飘逸的感觉。

提示：本例中螃蟹的画法，在前面第三章视频讲解中也有演示。

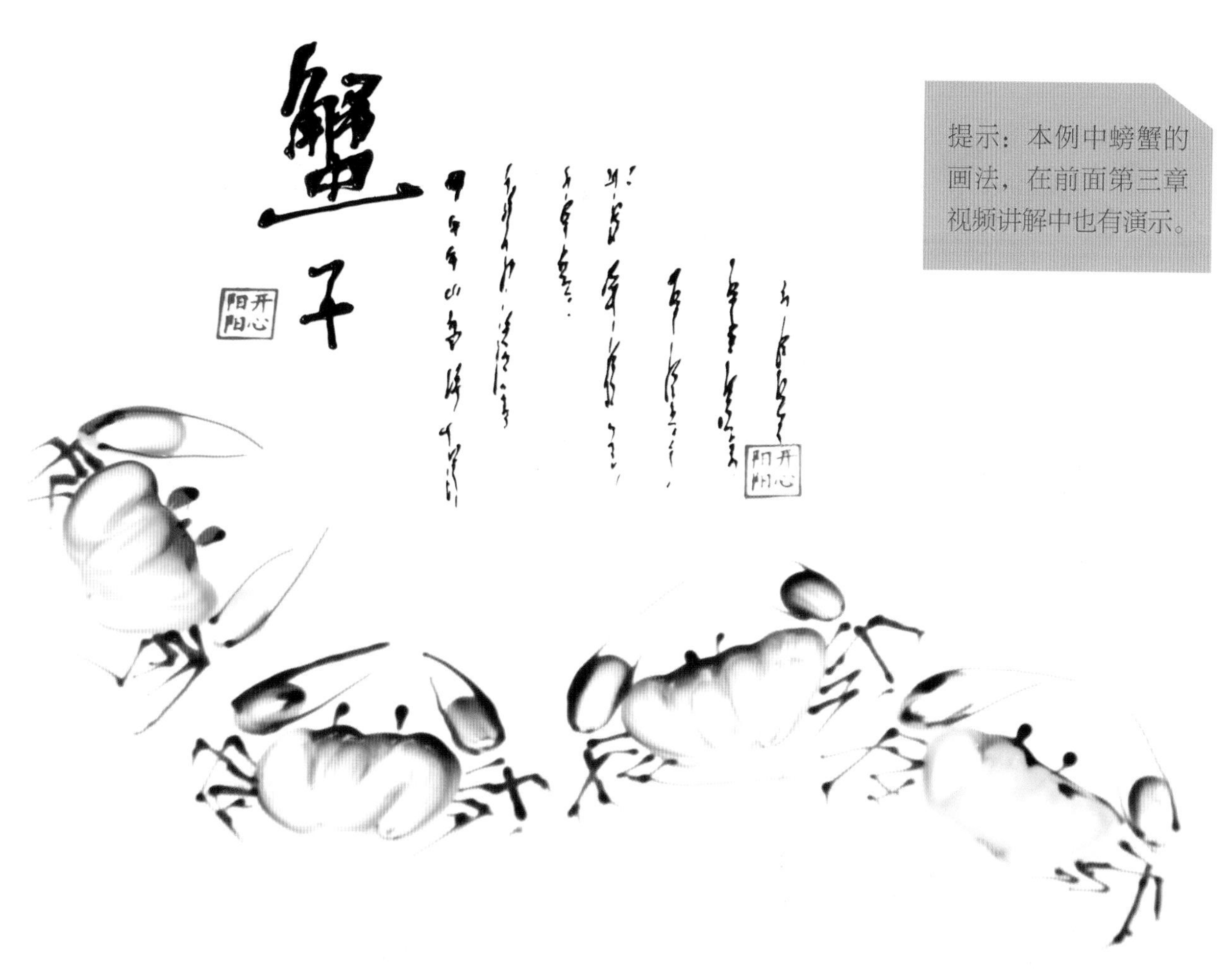

手指裱花瓶画黑壳蟹 <分步图解>

本例画法和前面的大体类似，区别在细节处理得更详细一些。

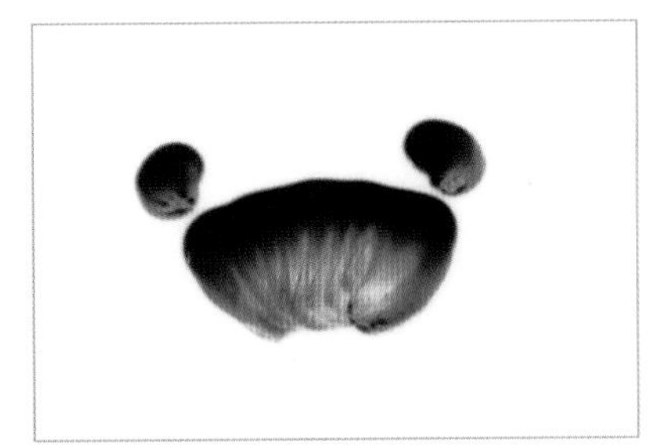
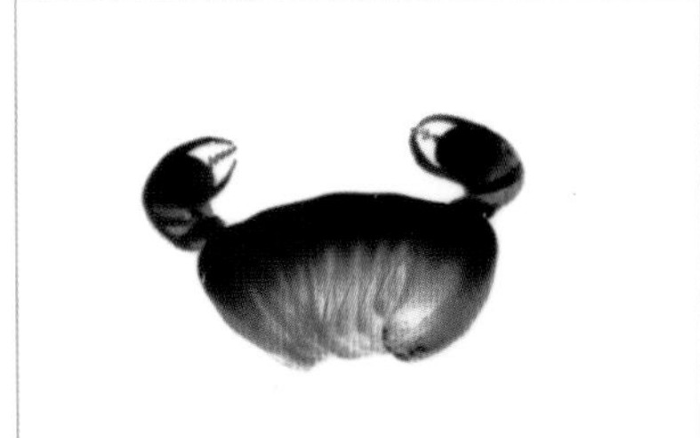
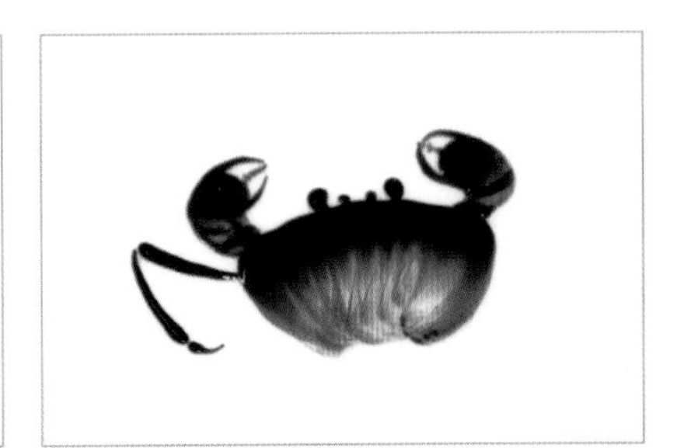

裱花袋画黑壳蟹 < 分步图解 >

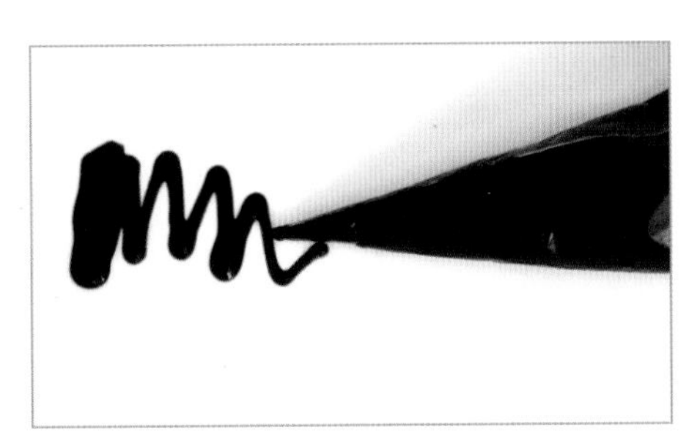

1. 裱花袋挤出巧克力酱线条。

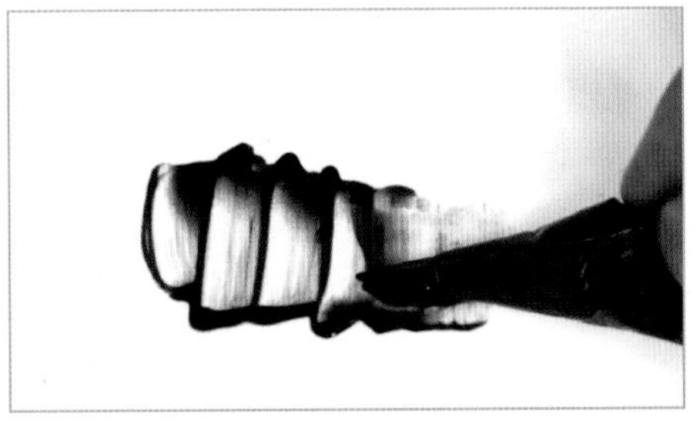

2. 依线条上下涂抹。

3. 继续用裱花袋画出蟹足等。

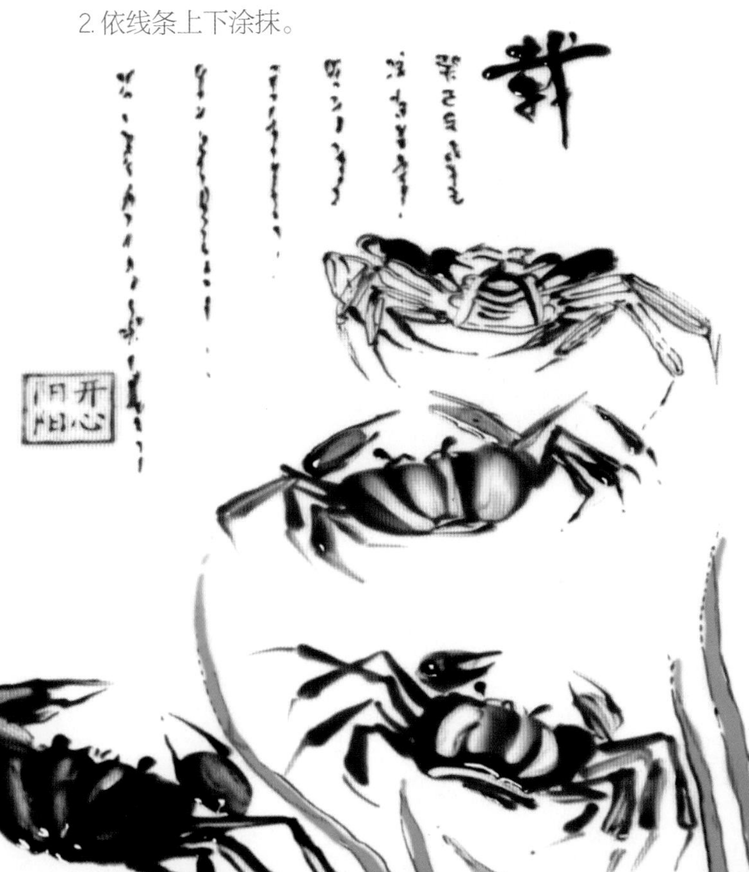

腹背两面双色水墨螃蟹 <分步图解>

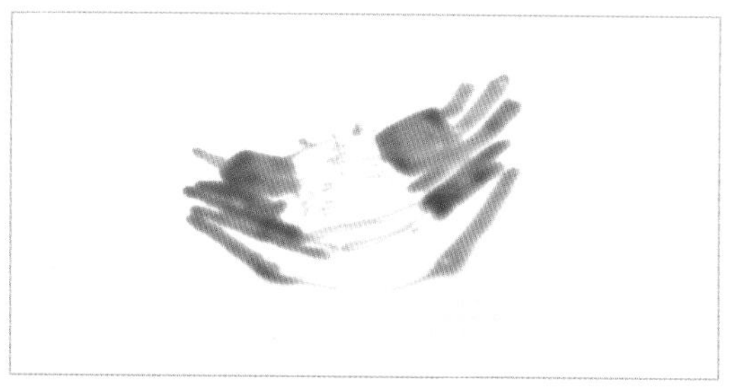

1.通过裱花瓶，用水墨色果酱画出蟹子的腹部和足。

2.使用巧克力果酱进一步描出细节。另一只蟹子以背部示人，则主要用巧克力果酱描绘。

虾

提示：本例绘画过程在前面第三章视频讲解有演示。

手指抹节虾 <分步图解>

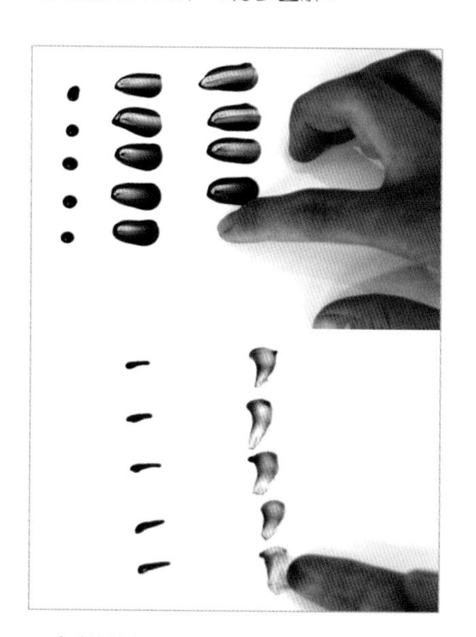

1.本例使用手指抹出虾的头部和身节，为此需要上面两个手法的练习。

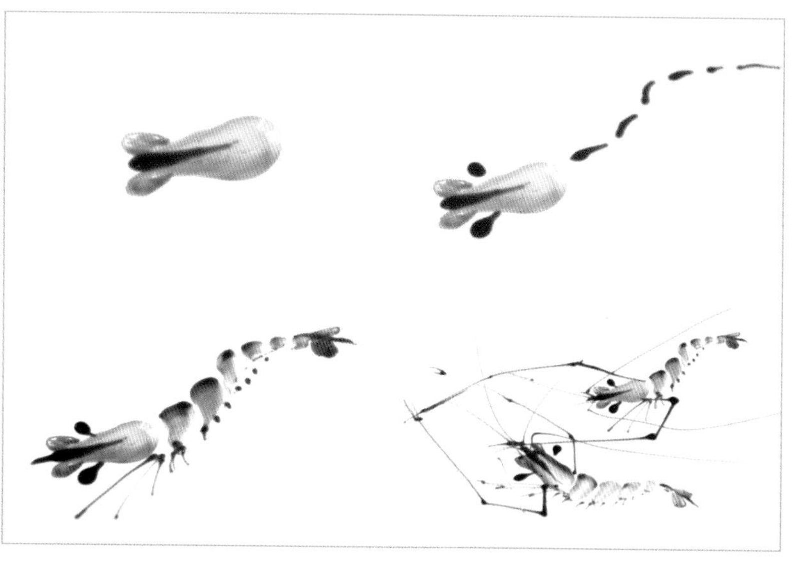

2.在手指涂抹的基础上，用裱花瓶继续画其他部位。头部和尾部的扇片是先描边再填色。

白石老人

长枪黑背虾 <分步图解>

1. 用黑色果酱点个点。

2. 用手指肚轻轻向前推。

3. 画出虾枪。

4. 再画出虾枪两侧的尖壳。

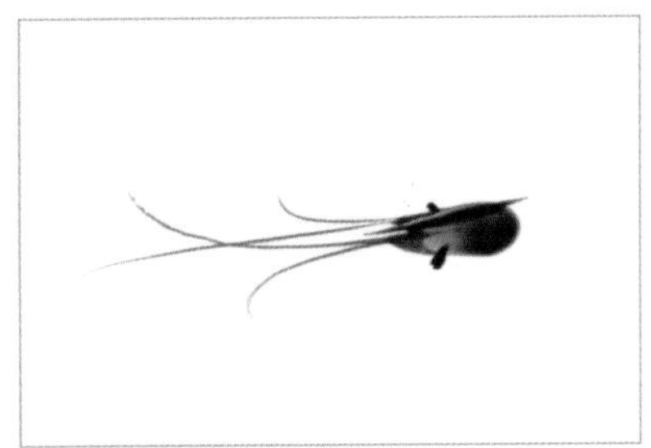

5. 画出眼睛和触须。

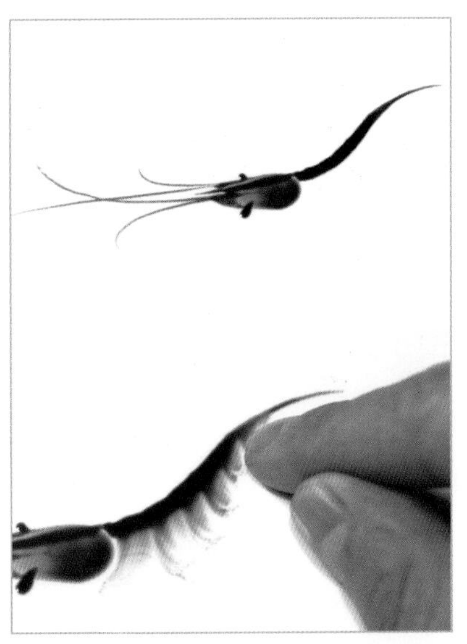

6. 画出背部曲线后，用手指轻轻从前到后、从大到小地涂抹。

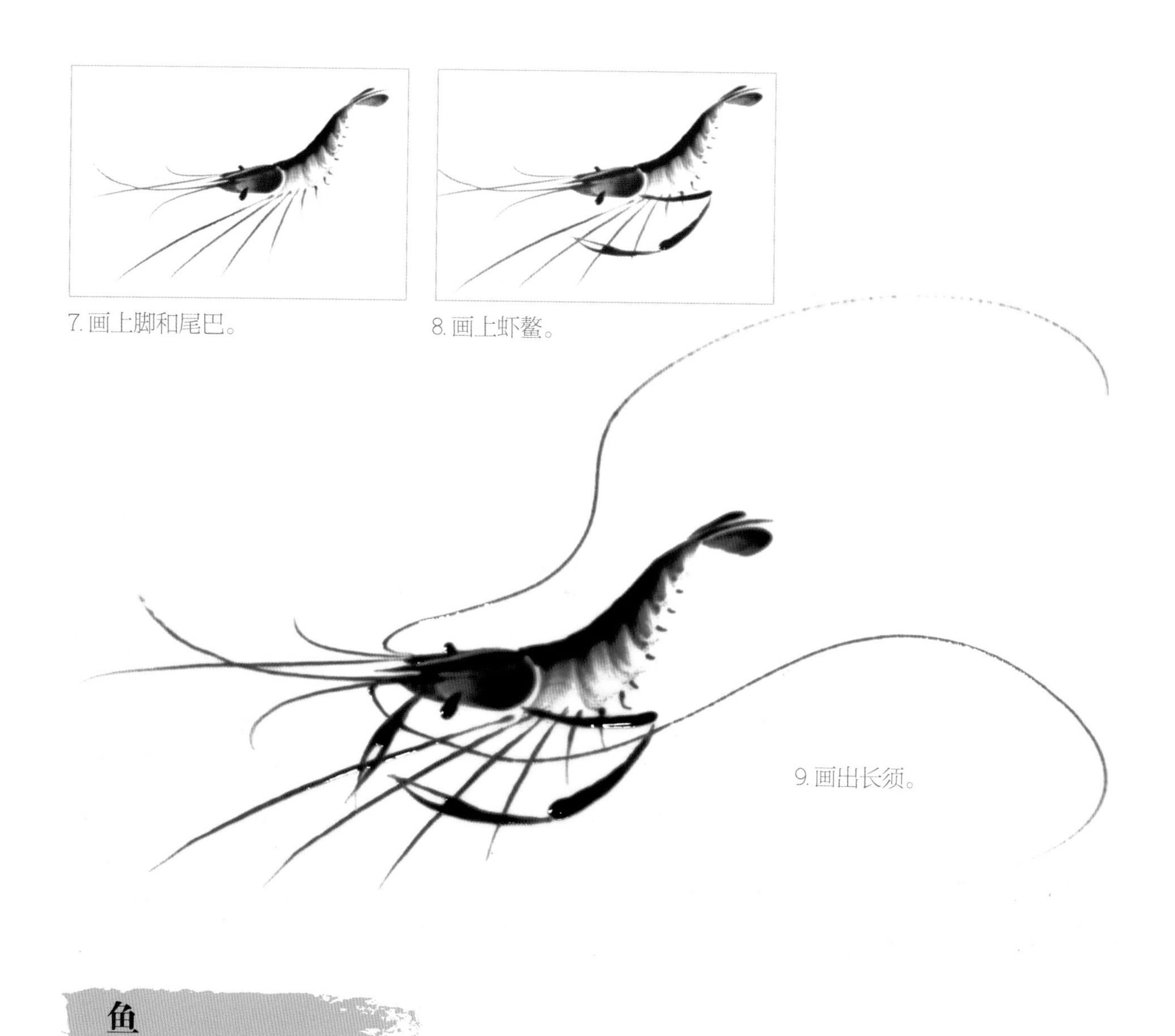
7. 画上脚和尾巴。

8. 画上虾螯。

9. 画出长须。

鱼

小群鱼 <分步图解>

使用裱花瓶画出鱼身线条，在此基础上完善细节。

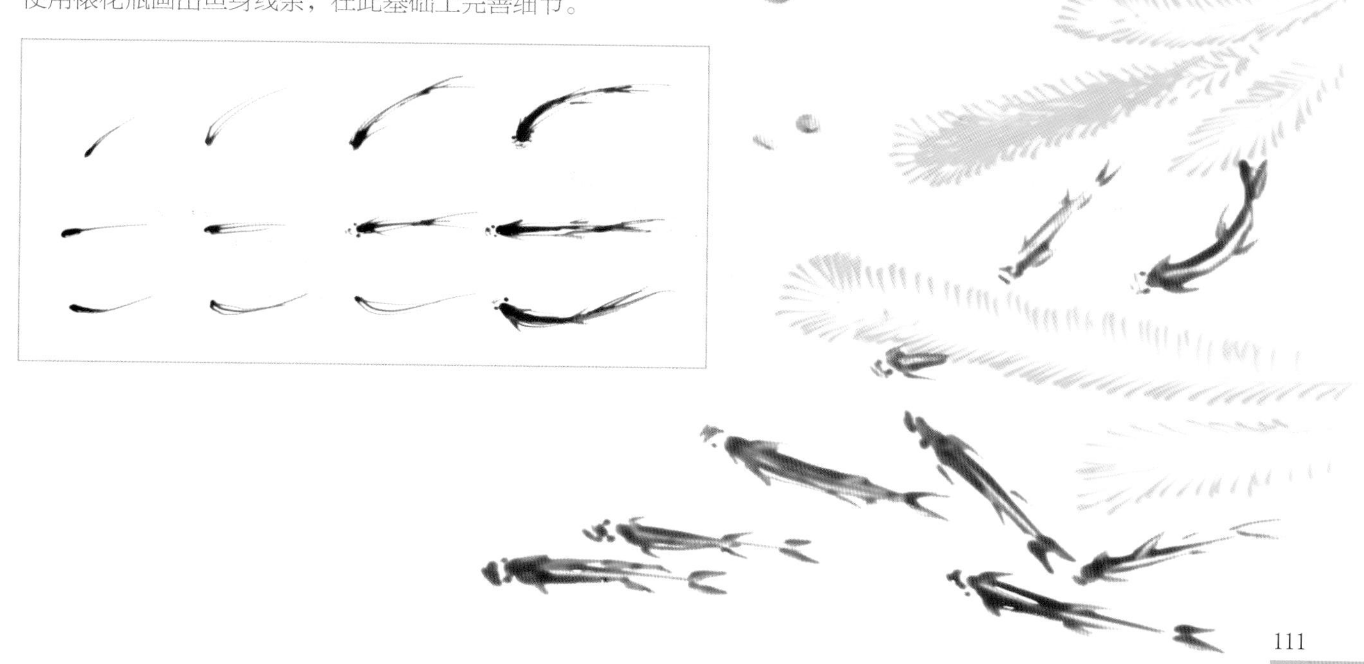

金鱼 <分步图解>

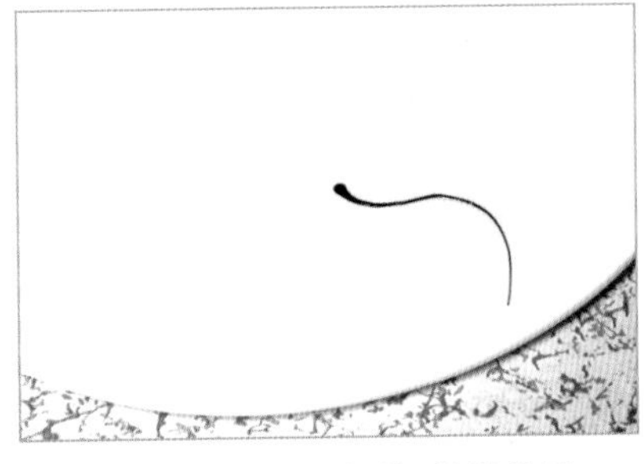

1. 用巧克力酱画出鱼的脊背曲线。

2. 在画好的线条上反复涂抹扩大。

3. 画出鱼肚的圆形，在里面画上网状线条。

4. 用相似的方法画其他鱼。

小鲤鱼 <分步图解>

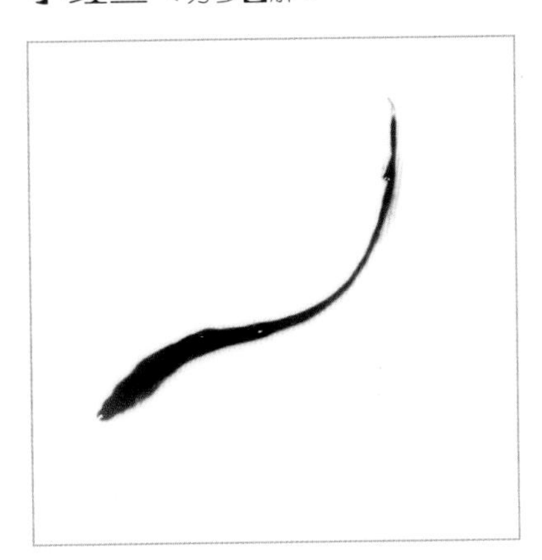

1. 用巧克力酱画出鱼的脊背曲线。

2. 继续扩大画出头、腹、尾部。

3. 用裱花嘴划痕形成鱼鳞，再画出鱼鳍等。

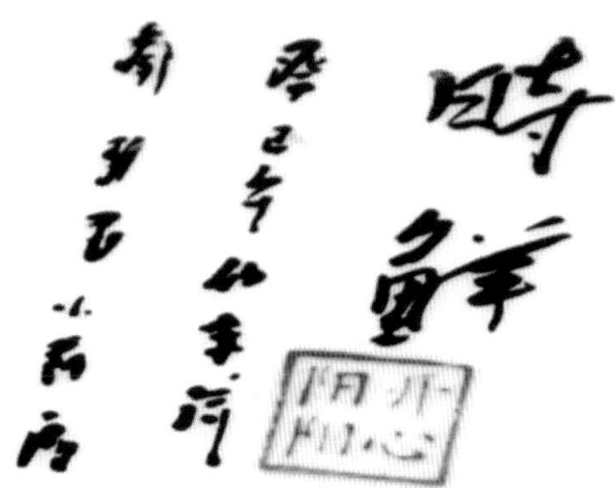

4. 用相似方法画出其他鱼。

白鳞鱼 <分步图解>

本例画法与前例类似，主要在鱼鳞、鱼身上不同。

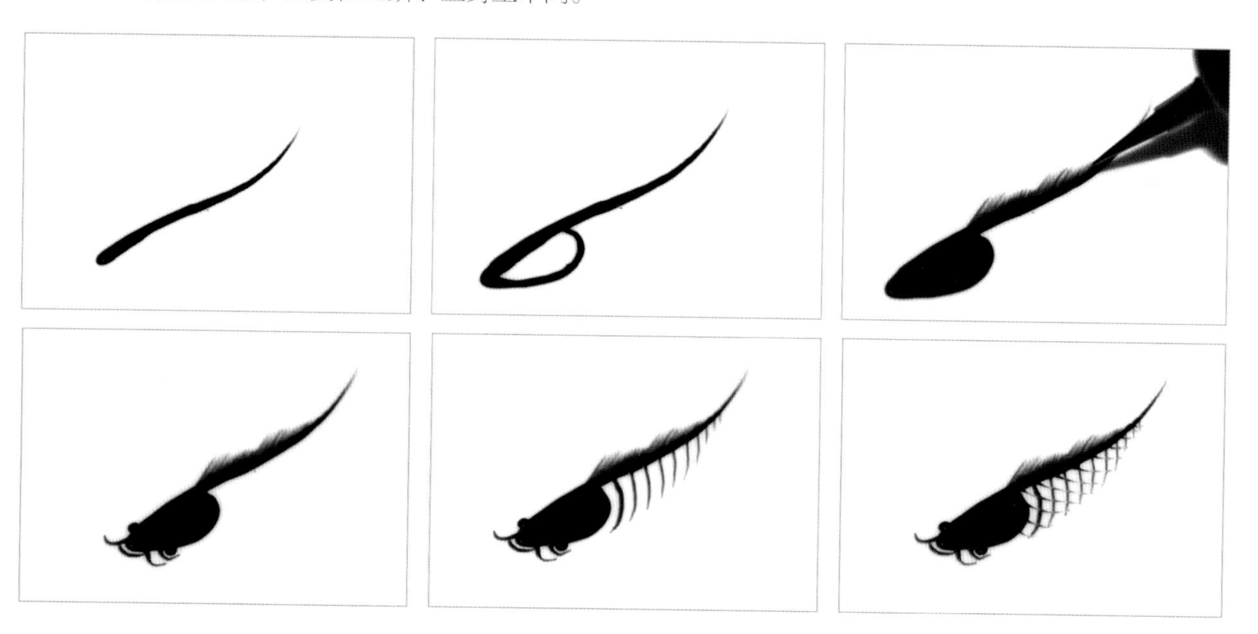

提示：本例鱼的画法，在前面第三章视频讲解中也有演示。

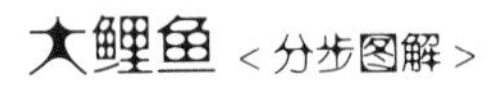

大鲤鱼 <分步图解>

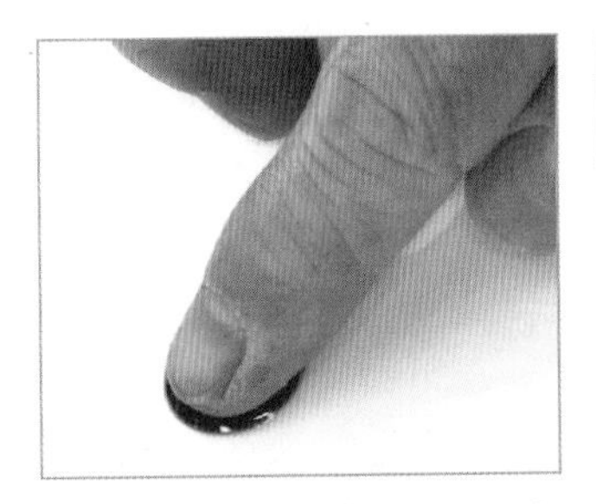

1. 手指蘸红色果酱抹出一个逗点。

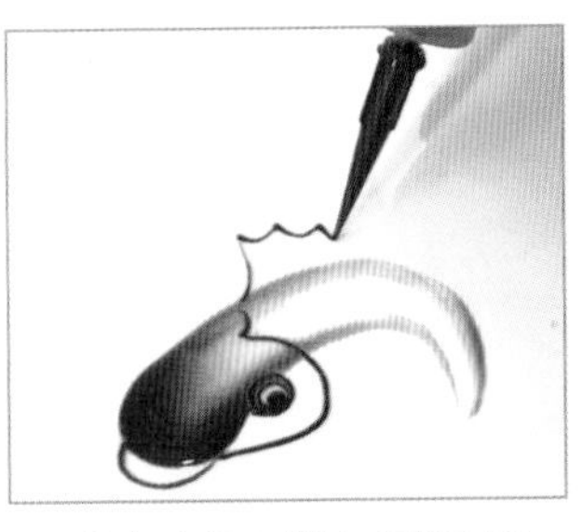

2. 用黑巧克力酱勾画细节。

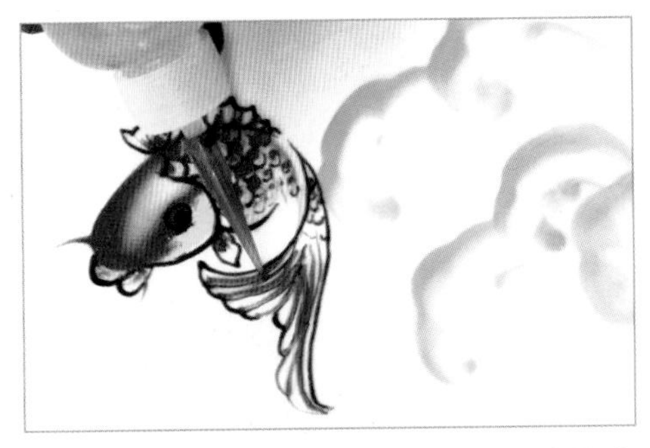

3. 将红色果酱和黄色果酱点在鱼鳞线内上色。

4. 用蓝色果酱画出波浪线，然后用手指抹成浪花。

追逐

鳜鱼

连年有余（鱼）

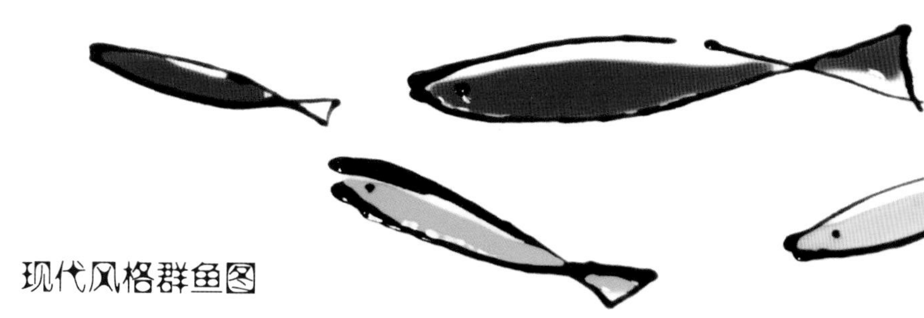

现代风格群鱼图

四足小动物

刺猬 <分步图解>

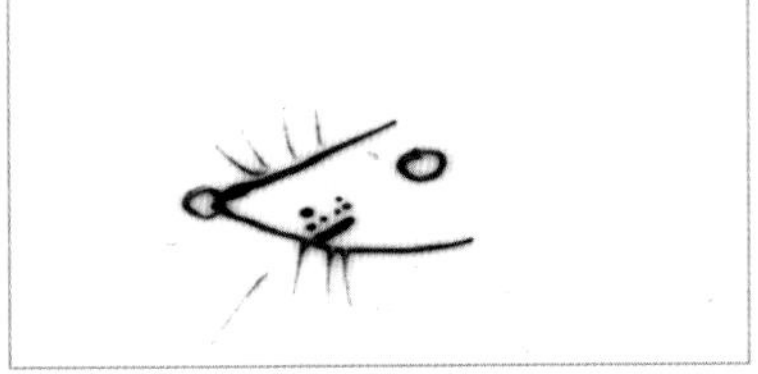

1. 用巧克力酱画出头部。

2. 在身体位置涂上绿色和蓝色线条。

3. 用手指轻轻抹开线条形成身体，然后再用巧克力酱画上小刺。

松鼠 <分步图解>

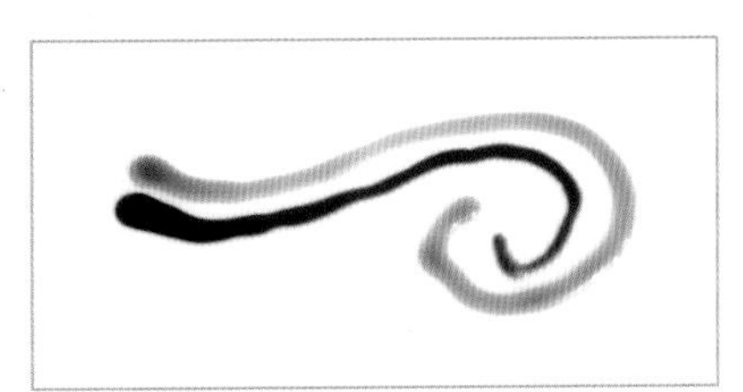

1. 用巧克力酱和墨色果酱画两条线。

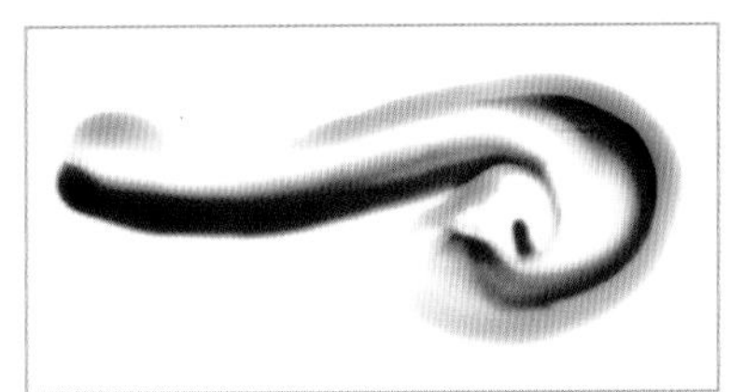

2. 用手指轻轻抹开。

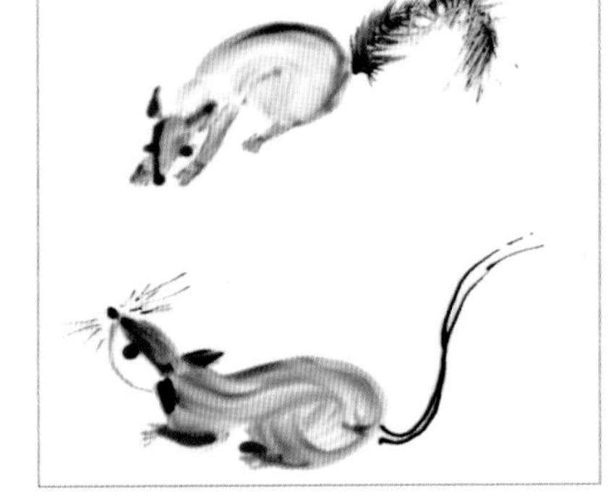

3. 在前面的基础上继续画出细节。尾巴的画法：先画出大体细线，然后使用巧克力酱往两侧画毛。

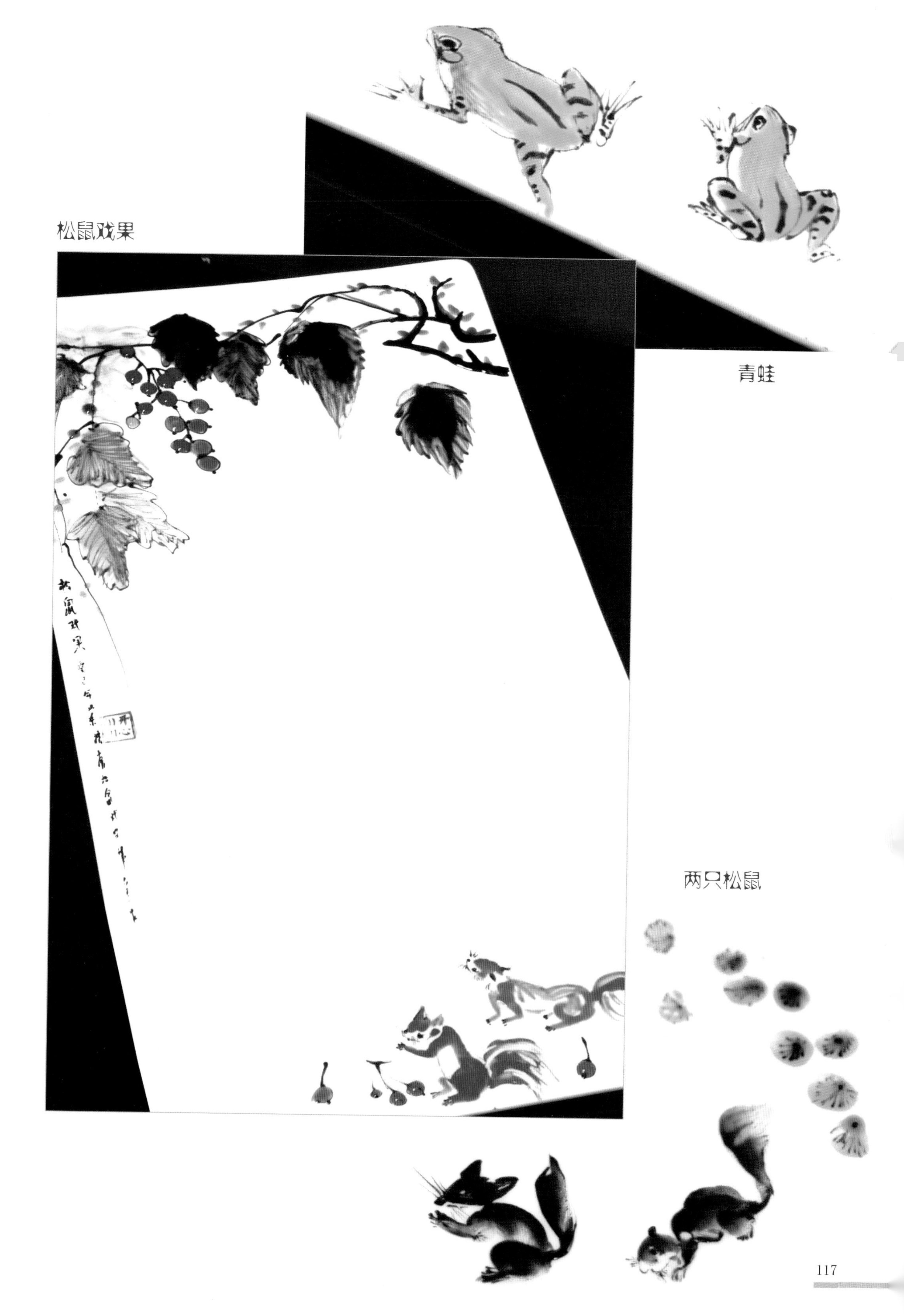

松鼠戏果

青蛙

两只松鼠

四足大动物

单色徐悲鸿奔马 <分步图解>

1. 使用黑巧克力酱画出马的头部。

2. 画身子，先画轮廓，后填色。

3. 画马尾巴时，先挤出巧克力酱，然后用勾线笔轻轻勾成。

双色欢腾骏马 <分步图解>

1. 使用巧克力酱画出马的头部阴影和身体轮廓。

2. 使用水墨色果膏涂抹出肌肉、鬃毛。

3. 再用少量巧克力酱修绘填涂。用勾线笔修饰马鬃。

宝马

鹿

奔腾

醉卧兰陵 <分步图解>

1. 用原色巧克力酱和黑巧克力酱画出头部。

2. 用水墨色果酱画出衣服轮廓。

3. 用原色巧克力酱和黑巧克力酱在一些轮廓上再进行描绘。用水墨色果酱给腿部上色。

惟楚有才

牵不动

韩国风

中国节日

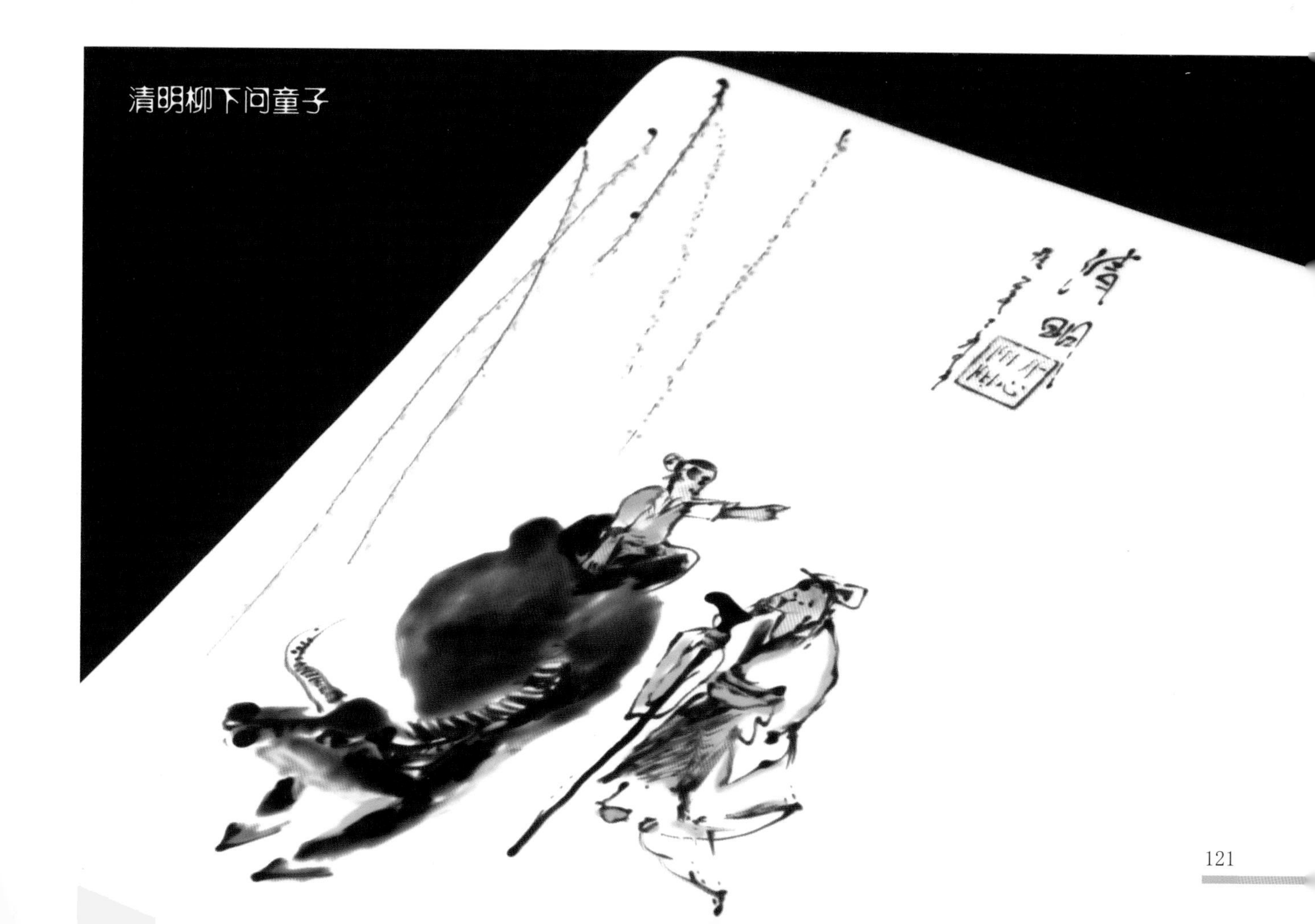

元宵灯下团花艳

圆月“中秋”

“清明时节”书法

风景

日出

秋月照山庄

春到江南

忆江南

浪漫爱情

热吻

拉丁风情

浪漫想象

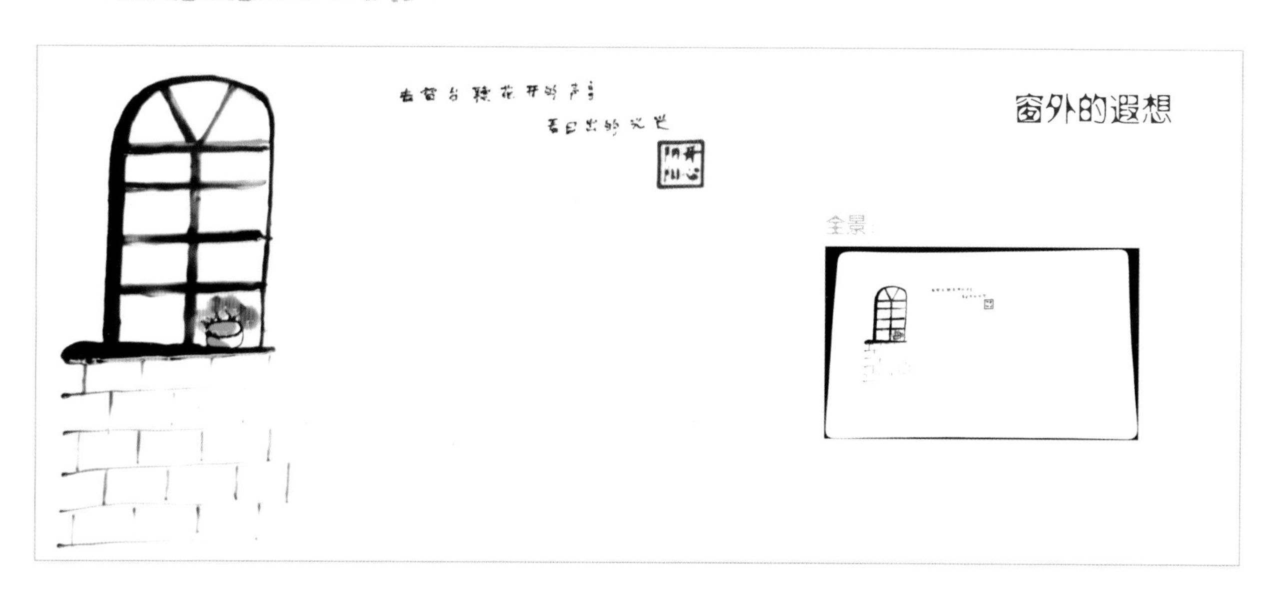

圣诞节

圣诞快乐

圣诞节大礼包

第五章 惊艳看盘

中国风

翠鸟与荷花

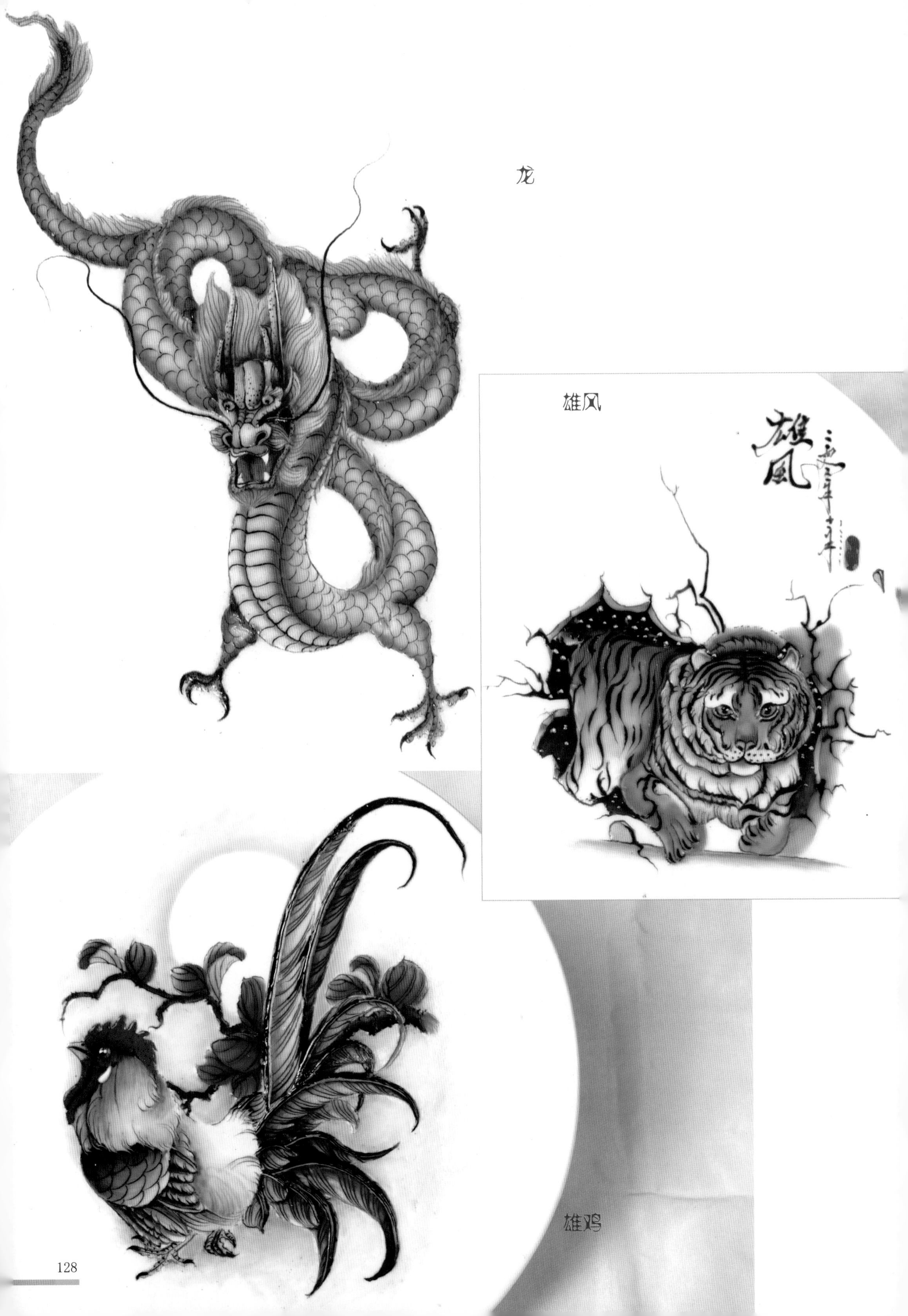

龙

雄风

雄鸡

第六章 立体盘饰

果酱画除了单独使用外，在立体盘饰中也经常看到它的身影。下面提供几款果酱画和各种盘饰结合的作品。

多子多孙

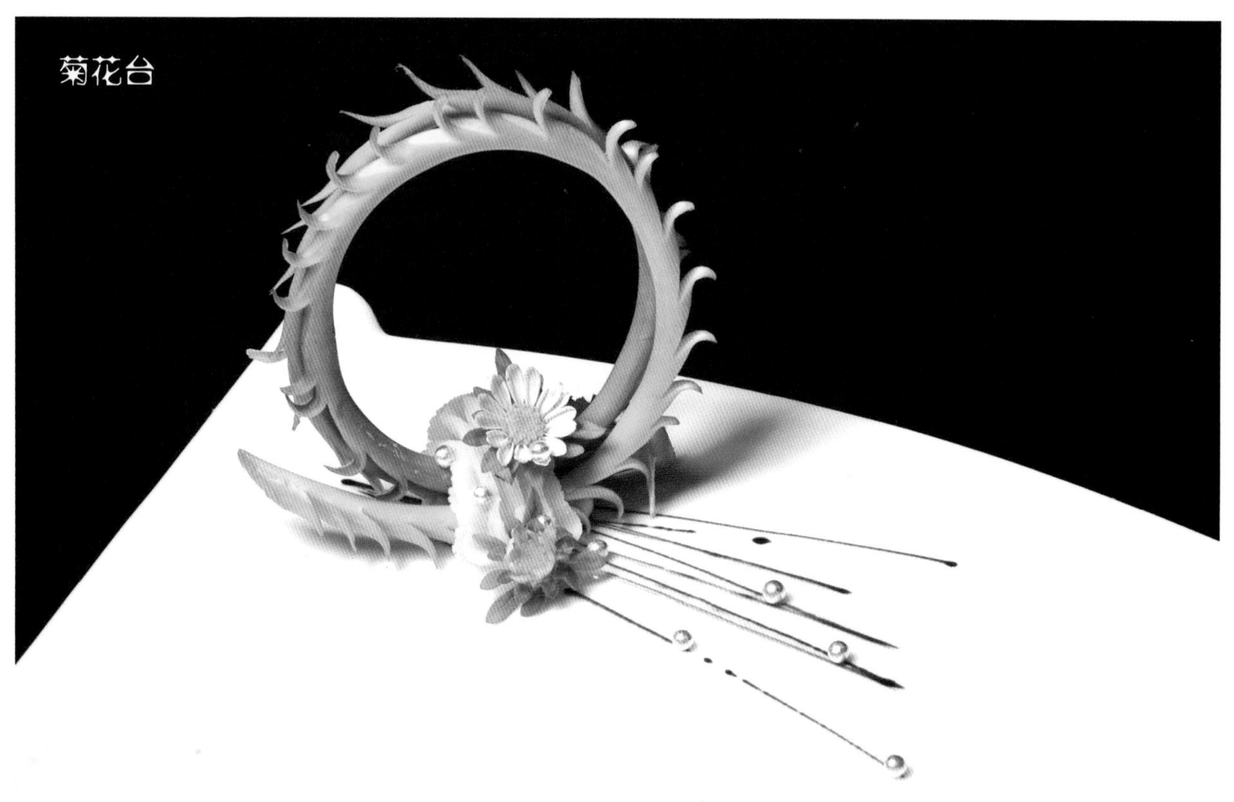
菊花台

红色沂蒙

清新

可圈可点

烈焰

藤

幸运彩

图书在版编目（CIP）数据

酱汁画氛围盘饰：入门技法与题材大全／李向阳主编.—福州：福建科学技术出版社，2019.4
ISBN 978-7-5335-5753-9

Ⅰ.①酱… Ⅱ.①李… Ⅲ.①果酱－装饰雕塑 Ⅳ.①TS972.114

中国版本图书馆CIP数据核字（2018）第262757号

书　　名　酱汁画氛围盘饰：入门技法与题材大全
主　　编　李向阳
出版发行　福建科学技术出版社
社　　址　福州市东水路76号（邮编350001）
网　　址　www.fjstp.com
经　　销　福建新华发行（集团）有限责任公司
印　　刷　福州德安彩色印刷有限公司
开　　本　889毫米×1194毫米　1/16
印　　张　8.25
图　　文　132码
版　　次　2019年4月第1版
印　　次　2019年4月第1次印刷
书　　号　ISBN 978-7-5335-5753-9
定　　价　45.00元